本书获得国家科技统计专项工作经费（NSTS201713）及江西省社科规划项目（18GL08）的资助

Construction of National Ecological Civilization Experimental Zone

Experience from Jiangxi Province under Innovation Driven Strategy

国家生态文明试验区建设

创新驱动战略下的江西经验

罗小娟　黄信灶　卢星星　赵 波　著

U0227076

经济管理出版社

ECONOMY & MANAGEMENT PUBLISHING HOUSE

图书在版编目（CIP）数据

国家生态文明试验区建设/罗小娟等著. —北京：经济管理出版社，2020.5
ISBN 978 - 7 - 5096 - 7135 - 1

Ⅰ.①国…　Ⅱ.①罗…　Ⅲ.①生态环境建设—实验区—建设—研究—江西　Ⅳ.①X321.256

中国版本图书馆 CIP 数据核字（2020）第 088304 号

组稿编辑：杜　菲
责任编辑：杜　菲
责任印制：黄章平
责任校对：陈　颖

出版发行：经济管理出版社
　　　　　（北京市海淀区北蜂窝 8 号中雅大厦 A 座 11 层　100038）
网　　址：www. E - mp. com. cn
电　　话：（010）51915602
印　　刷：北京晨旭印刷厂
经　　销：新华书店
开　　本：787mm × 1092mm/16
印　　张：12.75
字　　数：246 千字
版　　次：2020 年 6 月第 1 版　　2020 年 6 月第 1 次印刷
书　　号：ISBN 978 - 7 - 5096 - 7135 - 1
定　　价：78.00 元

前　言

党的十八大把生态文明建设纳入中国特色社会主义事业"五位一体"总体布局。党的十九大报告将生态文明提升到"中华民族永续发展的千年大计"这一高度。当前，我国发展中不平衡、不协调、不可持续的问题依然十分突出，人口、资源、环境压力越来越大。只有坚持创新驱动发展，才能识别生态文明建设的短板，牵住加快生态文明建设的牛鼻子，为新经济下推进生态文明建设找到一个关键性的着力点和动力源。

江西是目前国家生态文明试验区建设的四个省份之一，打造美丽中国"江西样板"，是国家生态文明试验区（江西）建设的重要任务。围绕建设山水林田湖草综合治理样板区、中部地区绿色崛起先行区、生态环境保护管理制度创新区、生态扶贫共享发展示范区等方面，江西积极开展了国家生态文明建设模式、技术、体制机制的试点示范。本书设有理论基础、科技创新、机制创新和经验对策四篇十三个章节。具体结构如下：

理论基础篇包括第一章至第三章。第一章分析研究的背景与意义；第二章梳理国内外关于创新驱动与生态文明建设相关的文献；第三章分析江西科技创新与生态文明建设的现状与问题，主要基于 2006~2016 年江西 11 个设区市面板数据，从科技创新、生态文明机制创新、生态文明建设三个维度展开研究。

科技创新篇包括第四章至第六章。第四章科技创新与生态文明建设的关系研究，应用格兰杰因果检验科技创新与生态文明建设的因果关系、灰色关联法分析不同创新主体对生态文明建设的关联度、空间计量模型实证检验科技创新对生态文明建设的空间溢出效应；第五章构建了科学、系统的科技创新引领生态文明建设评价指标体系，并用熵值法确定了指标权重；第六章基于江西各设区市的多年面板数据，应用上一章构建的指标体系评价分析江西科技创新引领生态文明建设的时空差异，并总结了江西科技创新引领生态文明建设存在的问题。

机制创新篇包括第七章至第十章。第七章江西生态环境监管制度创新与实践研究，分析了生态环境监管制度创新的理论、现状与困境，以及全域生态环境监管体系、环境资源审判机制、生态检察机制的实践与探索；第八章生态补偿制度创新与实践，分析了生态补偿原理，总结了江西流域生态补偿的实践与成效、江西湿地生态补偿试点存在的问题及相关建议；第九章江西绿色发展引导机制创新与实践，主要分析了其现状与困境，阐述了对江西绿色金融与排污权交易机制的探索；第十章江西生态考评追责制度创新与实践，主要分析了其现状与困境，并描述了江西自然资源资产负债表编制、领导干部自然资源资产离任审计制度、党政领导干部生态环境损害责任追究制度的实践。

经验对策篇包括第十一章至第十三章。第十一章国内外创新驱动生态文明建设的经验启示，从科技创新和机制创新两个维度总结了 10 个创新驱动生态文明建设的国内外案例经验；第十二章和第十三章分别从科技创新和机制创新两个方面提出了推动江西创新驱动引领生态文明建设的对策建议。

本书研究得到国家科技统计专项工作经费（NSTS201713）、江西省社科规划项目（18GL08）的资助，在此表示衷心的感谢。本书的完成是课题组共同努力的结果，罗小娟博士负责第三章、第四章第一节和第二节、第六章、第八章的撰写及全文的框架与统稿；黄信灶博士负责第四章第三节和第四节、第十二章的撰写；卢星星博士负责第五章的撰写；赵波教授负责第一章、第十三章的撰写；刘定普负责第七章、第九章、第十章的撰写；黄珊珊负责第二章的撰写；许珊珊负责第十一章的撰写和文献整理工作。感谢科技部创新发展司统计与创新调查处林涛副调研员、科技部资源配置与管理司刘春晓调研员、科技部科技发展战略研究院统计所玄兆辉所长、中国科学院科技战略咨询研究院杨多贵研究员、中国科学技术信息研究所盂浩高级工程师、江西省发改委生态文明办洪小波处长、江西省统计局社会科技和文化产业统计处万玲处长、江西省科技厅社会发展处刘清梅副处长等为本书提供了许多素材与宝贵建议。

囿于知识水平与研究资源，书中存在诸多不足，许多问题有待作进一步探讨，这些将成为课题团队下一步研究的方向与重点。本书存在的不当之处敬请广大读者指正。

2019 年 10 月于江西师范大学青山湖校区

目　录

理论基础篇

科技创新篇

机制创新篇

经验对策篇

理论基础篇

第一章
研究背景和研究意义

一、研究背景

　　生态文明是继工业文明之后的更为进步、更为高级的文明形态。自20世纪70年代以来，经济发展与环境保护的矛盾日益显现，生态问题开始进入人们的视野并逐步为各界所高度关注。生态文明建设在党的十八大被纳入中国特色社会主义事业"五位一体"总体布局。党的十八届五中全会提出，设立统一规范的国家生态文明试验区，重在开展生态文明体制改革综合试验，规范各类试点示范，为完善生态文明制度体系探索路径、积累经验。新一轮的科技革命和产业变革对我国生态文明建设既是挑战，也是机遇，必须围绕生态环保重大决策，把握创新引领，才能精准甄别生态文明建设的短板，为经济新形势下推进生态文明建设找到关键性的切入点。

　　坚持科技创新，主要是想通过改善人与自然的技术关系来打造和谐的人与自然新型关系。为了响应国家提出的绿色、低碳、环保的要求，要将科技创新作为主攻重心，通过对战略性新兴产业的培育，推进传统产业的转型升级，带动产业的绿色发展。通过重大科学技术的攻关，突破一批节能环保、应对气候变化的关键技术，同时把高新技术渗透到各行各业，加快科技成果转化，构建完善的产学研销体系，为工业绿色发展提供动力。

　　坚持机制创新，目的是减轻人类活动对自然的压力，途径就是改善人与人、人与自然的关系。主要任务是加强生态文明建设的顶层设计与体制建设，优化国土空间开发保护制度建设，强化节约和环境保护制度建设，利用和发挥好市场机制在生态文明制度建设中的作用。与此同时，要构建生态文明社会行动体系，加强生态文明社会智库建设，推进生态文明建设实践创新，开展生态文明国际合作。

二、研究意义

习近平总书记强调，绿色生态是江西最大财富、最大优势、最大品牌，一定要保护好，做好治山理水、显山露水的文章，走出一条经济发展和生态文明水平提高相辅相成、相得益彰的路子，打造美丽中国"江西样板"。2017年年初习总书记在江西视察工作时，提出江西要坚持用新发展理念引领发展行动，紧紧扭住创新这个"牛鼻子"，向创新创业要活力，让创新成为驱动发展新引擎。江西作为国家生态文明试验区之一，示范责任与意义重大。科技创新驱动生态文明建设方面，许多工作仍处于摸索阶段，虽然有部分研究已经构建了评价生态文明建设成效的指标体系，但是并没有一套指标体系突出体现科技创新在生态文明建设中的重要作用。所以本书试图在现有研究基础上，重点从科技创新的视角建立一套具有江西特色的生态文明试验区评价指标体系，既能够充分展示江西科技创新与生态文明建设相互关系，又可以科学评价江西生态文明建设的过程与结果。建立合理的含括科技创新内容的生态文明评价体系，才能更好地将科技创新引领生态文明建设纳入实际的操作层面。在机制创新方面，主要从生态环境监督制度创新、生态补偿机制创新、绿色发展引导机制创新、生态考评追责制度创新等方面进行理论分析和研究机制制度的现状及困境、江西的实践与探索等，总结和分析江西应用机制创新驱动生态文明建设的经验。不仅有利于发现科技创新和机制创新在引领生态文明建设过程中存在的问题与不足，还可以为生态文明试验区（江西）的政府提供决策参考与出台相关政策。在当前新一轮科技革命和产业变革的到来前，研究创新驱动与生态文明建设的作用关系，对于提升改革动力、增加绿色发展潜力、研究可复制可推广的生态文明建设经验具有十分重要的意义。

第二章
国内外研究现状及评述

一、国内外研究现状

（一）生态文明建设综述

生态文明（Ecological Civilization）的定义最早由叶谦吉和罗必良（1987）界定，认为生态文明的本质意义是人与自然的和谐统一，人类既从自然中获利，又还利于自然，在改造自然的同时又保护自然。李绍东（1990）提出生态文明应包括纯真的生态道德观、崇高的生态理想、科学的生态文化和良好的生态行为四个方面。林爱广（2013）提出生态文明标志着人类社会的发展进步，是继工业文明之后的一种全新的生存方式和文化伦理形态。生态文明建设是一项系统工程，需要从政治、经济、文化、社会等方面合力共建。国外学者对生态文明的定义也做了说明，认为生态文明是继工业文明之后的另一种文明形式（Morrison，1995；Pnfessor，1998）。

1. 生态文明建设的体制机制研究

Kumar 和 Managi（2009）运用印度最优财政转移理论，对地方政府提供公共服务的补偿机制进行了研究，特别是政府间财政转移在实现环境目标方面的作用。Pearse（2016）则通过研究澳大利亚碳定价的案例，提出排污权交易是通过补偿安排和抵销来取代煤炭减排任务的一种积极尝试。Koh 等

（2017）指出生态补偿是欧盟"生物多样性和生态系统服务的净损失"倡议的一项重要的生态文明制度建设内容，他们使用多层次治理框架研究了生态补偿中的四个关键性的争议问题。国内学术界，余谋昌（2013）认为中国特色社会主义生态文明的建设前提是必须完善水资源管理、环境保护、耕地保护、资源有偿使用以及环保责任追究和损害赔偿等制度。高红贵（2013）认为生态文明的根本在于制度建设，具体要从生态文明建设的生态经济制度、考评制度、符合生态文明要求的法律制度出发建立健全生态文明制度。黄勤等（2015）指出我国生态制度体系的基本框架已经初步形成，具体包括环境投资、环境税、排污权交易、环境信贷、环境责任险、生态补偿等制度。张莽（2017）则认为加强生态文明法制建设是下一阶段生态文明建设的关键，他认为生态文明建设的推进需要不断地创新提升生态建设的体制机制，完善法律保障制度，确保经济社会持续地健康发展。田启波（2004）、严耕等（2013）也从加强生态文明建设的法制角度进行了研究。

2. 生态文明建设的路径研究

美国生态学家 Coleman 在《生态政治：建设一个绿色社会》一书中强调实现社会公平是生态文明建设的重要基础，他指出生态文明建设要解决政治公平、教育公平、社区公平等在内的平等问题。Cohen（2006）提出利用环境改革等新的技术密集型产业生态模式驱动生态现代化的发展，实行有环境意识的制造与生态设计。国内有许多学者从观念转变的角度提供了路径建议，李绍东（1990）认为生态文明建设中的重要内容和衡量社会生态文化发展水平的重要标志是强化有关生态系统、生态平衡、生态设计、生态效益等方面的知识。伍瑛（2000）则具体指出建设生态文明必须转变传统观念，观念创新，强化全民环保意识，正确认识和处理人与自然的关系。不少学者从转变经济发展方式的角度做了探索，李红卫（2007）认为发展生态产业和循环经济是解决环境问题，实现经济效益、社会效益和生态效益相统一的基本途径，生态文明建设过程中要不断地调整和优化产业结构，大力发展高新技术产业（刘丽红，2013；樊阳程等，2017）。

（二）生态文明评价指标综述

在生态文明评价指标方面，王文清（2011）从以下几个方面设置生态文明建设指标，包括资源节约、环境友好、生态经济、社会和谐、生态保障。浙江省统计局课题组（2013）基于生态经济、生态环境、生态文化、生态制度领域构建了 37 个评价指标。陈胜东和孔凡斌（2015）与王从彦等（2014）基于对省域生态文明建设的研究，从生态经济、生态环境、生态人居（或生态社会）、生态制度以及生态文化 5 个维度制定了一套分区分层的生态评价指标体系。覃玲玲（2011）基于生态文明城市内涵，借鉴我国其他关于生态城市建设与生态发展等方面的评价指标，从以下几个方面建立生态文明城市建设指标，包括生态经济文明、生态社会文明、生态环境文明、生态文化文明、生态制度文明。杜勇（2014）针对资源性城市生态文明的研究，从资源保障、环境保护、经济发展和民生改善 4 个子系统设计了我国资源型城市生态文明建设评价指标体系。薛丁辉和郭水银（2015）主要从工程与管理角度提出要从基础理论、建设规划、工程技术、管理技术和科技政策 5 个方面来综合考虑生态文明建设指标的制定，要搭建科技创新平台、拓展科技创新领域以及发挥政府主导创新来提升水生态建设。

（三）科技创新评价指标综述

由于现有研究并没有针对科技创新引领生态文明建设的现成评价指标体系，所以本书分别围绕科技创新和生态文明建设评价指标进行综述。在科技创新评价指标方面，庄海燕（2015）、孔雷等（2016）、王丹丹（2017）选取科技进步贡献率、科技支出占地方预算支出一般比重作为科技创新指标。陈胜东和孔凡斌（2015）与王从彦等（2014）主要从产业角度选择了战略性新兴产业值占 GDP 比重、高新技术产业增加值占 GDP 比重、单位 GDP 能耗等指标表征科技创新。艾敏等（2017）通过以下指标表征科技创新对生态文明建设的运用：高新技术产业产值占规模以上工业产值比重、有 R&D 活动企业所占比重、单位 GDP 能耗、新能源消费量占比、SO_2 排放强度、NO_2 排放强度、COD 排放强度、环保投资占 GDP 比重、环境信息公开率。该研究基于 2011~2015 年常州市的数据使用目标渐进法对指标体系进行应用，结果表明在科技创新能力高的地区生态文明建设表现也较好。刁尚东等（2013）在生态文明指数计算模型中融入利授权数、技术市场成交额、万元 GDP 能耗、R&D 经费等科技创新指标。

（四）科技创新与生态文明建设综述

1. 科技创新与生态文明建设的关系研究

（1）科技与生态文明建设之间的关系。赵金芬等（2013）认为，生态文明建设需要科技创新来支撑，并且科技创新是生态文明建设的必然要求。随着科技的进步，进入了"工业文明"时代，技术的滥用对生态建设的负面影响也是不容忽视的，如大气、河流、资源危机。作者提出生态文明建设与科技创新是一种耦合关系。邱诗荫和高健（2017）的研究表明，生态文明与科技创新之间是一种协同间错生的背反关系如同一条 U 形曲线。即当生态文明水平较高时，科技创新水平保持在极高或极低的水准；当生态文明水平较低时，科技创新的发展便是介于极高和极低之间。

（2）科技创新对生态文明建设的贡献度测算。欧阳志云等（2016）建立科技创新对生态文明建设贡献度测算的理论评估指标体系和模型。盛学良（2003）引入单位产值排污当量等变量，实证分析了江苏省科技进步在控制环境污染中的贡献度，认为科技进步率是波动上升的，并预测在"十五"期间科技进步的贡献率还会进一步上升。卢雯皎（2014）运用索洛余值法对 1996 ~ 2012 年的林业科技进步贡献率进行了实证测算，计算出我国"九五"至"十二五"期间林业科技进步贡献率分别为 26.82%、34.51%、42.96% 和 34.85%。陈钦萍等（2015）在 C - D 生产函数的基础上引入了科技投入变量构建生产函数模型估计全国生产函数，确定科技等投入对生态 GDP 产出的贡献率，研究结果表明，科技投入对生态文明建设有显著的正向作用，同时也证明了我国经济发展已越过生态拐点，进而转入生态文明经济发展的新阶段。

2. 科技创新与生态文明建设的影响机理研究

（1）科技创新对生态文明建设的影响。现有研究主要有两种相反的代表性观点：一种观点认为科技创新对生态文明建设产生不利影响，凌阿妮等（2017）认为科技创新对生态文明建设的负面影响主要表现为对不可再生资源的过度开采使用，使生产生活废弃物和环境负面派生物日益堆积，造成大气、江河、近海、土地、地下水以及噪声污染，且现代科技的滥用也导致了生态平衡系统遭到破坏。福建师范大学科学发展研究课题组（2009）认为随着科技的发明和广泛运用，人类利用科技改造自然的力度在加大，对自然生态产生了一系列的负面效应，如资源枯竭、环境污染、土地沙化等问题，加快了全球的生态危机。另一种观点则认为科技创新有利于生态文明建设，邹凡等（2013）的研究表明，科技创新能够加快构建符合低碳、绿色发展要求的现代化产业化体系，大力发展循环经济，提升我国的生态文明建设水平。吴传清和宋筱筱（2018）对长江经济带城市的绿色发展进行分析，认为科教投入是影响长江经济带城市绿色发展效率的主要因素。高童童（2016）的研究也表明，绿色技术创新能力是天津市滨海新区绿色发展的首要影响因素。王峰和冯根福（2011）的研究表明，高效技术的引进、陈旧技术的改造以及扩大技术覆盖率是促进我国低碳发展的重要因素。李建波（2016）通过研究重庆市 1997～2014 年的相关数据，认为 R&D 项目数、R&D 经费支出、专利获得数是影响重庆实现绿色低碳发展的重要因素。

（2）生态文明建设对科技创新的影响。有学者认为生态文明对科技创新也会产生影响。庄穆（2015）认为生态环境既能影响科技创新发展的上限，也能影响科技创新的发展方向。杜宇（2009）认为生态文明的建设能够推动科技创新的理论变革，而且在生态危机的解决和生态文明的建设中也离不开科技的发展，只有依靠生态科学技术，才能真正实现人与自然的和谐发展，为顺利实现生态文明提供强有力的保障。

（3）科技创新对生态文明建设的影响途径。张伟等（2015）和冯留健（2014）通过定量化分析科技进步对污染减排的重要贡献作用，提出科技创新可以通过促进产业结构升级、清洁生产、污染治理、管理效率等途径提升生态文明建设水平。白春礼（2013）和邓可（2012）认为科技创新对生态文明建设的支撑作用除了通过加快产业结构的优化升级来实现能源资源的节约和高效利用，还可以通过科学知识来树立民众的生态文明观。

（五）机制创新与生态文明建设综述

1. 制度创新与生态文明建设的关系研究

张平（2015）认为建立生态文明制度需要从观念创新、顶层设计创新、管理体制创新、动力机制创新等方面展开。生态文明建设离不开制度体系的建设，李若娟（2015）认为生态文明的建设过程也是生态制度不断优化和发展的过程。孙忠英（2015）认为制度建设是生态文明建设发展的前提。生态文明制度作为一种文化理念、行为准则也能够反映社会文明程度。吴慧玲（2016）具体到研究生态文明制度与生态文明建设之间的关系，认为后者是前者的发展动力源泉，前者是后者的发展前提和保障。孙忠英（2016）基于如何完善生态文明制度的研究，认为制度建设与创新能够推进生态文明建设。包庆德和陈艺文（2019）从习近平生态文明思想出发，认为生态文明制度建设已经成为党和国家顶层设计和总体规划中重要政治议题和关键创新维度。

2. 制度创新与生态文明建设的影响机理研究

制度创新对生态文明建设的影响途径，从法律的角度分析，宋宇晶和苏小明（2015）研究指出，通过法律规范的强制性，生态文明建设才能得到保障，才能调动各主体参与生态文明建设的积极性，实现经济发展与生态环境的和谐发展。邓翠华和林光耀（2015）认为，通过法律制度以及法治精神，能够促进生态文明理念以及建设法制化发展。沈满洪（2012）认为强制性制度、选择性制度以及引导性制度能够全面的影响生态文明建设。

（六）生态文明建设影响因素的综述

大部分学者对于生态文明建设、绿色发展或低碳发展影响因素的研究，一般都是基于不同区域的面板数据，运用计量模型进行实证分析。通过综述相关文献可以将影响生态文明建设、绿色发展或低碳发展的因素归纳为经济规模、产业结构、城市化水平、对外开放程度、环境规制与政策、资源禀赋等方面。

1. 经济规模

吴鸣然和马俊（2016）运用 Tobit 模型对我国 2009～2013 年 31 个省市区的生态效率进行分析，用人均 GDP、地区生产总值占全国生产总值比重来表示经济规模，认为经济规模对生态效率的影响具有正向的促进作用。许罗丹和张媛（2018）认为人均 GDP 与生态环境呈倒 U 形关系，发展初期人均 GDP 的提高会导致环境恶化，但随着收入的持续增加，这一负面影响会不断减弱并且会带来正面效应。索飞（2017）用资本存量和流量表示经济发展规模，具体指标涉及人均 GDP、全社会购买力，认为经济发展因素对长三角城市群的生态发展有较大的影响。谷缙和任建兰（2018）的研究也发现，经济发展质量低尤其是区域消费水平差异大也是制约山东省生态文明建设的障碍因素。王广凤和张立华（2014）运用结构方程模型对我国 31 个省市区的低碳发展进行分析，认为地区 GDP、第三产业产出比重以及新能源制造业产值占地区生产总值比重对区域低碳经济的影响较大。卢瑜（2015）选取湖南地区 1995～2011 年的统计数据，认为湖南省的经济发展水平与碳排放存在长期的协整关系，从长期看人均 GDP 对地区碳排放的作用最明显。张纪录（2012）研究表明，经济规模的扩大更是影响中部地区城市低碳发展的重要因素。

2. 产业结构

产业结构的优化由工业发展为导向调整为由服务业发展为导向是生态建设的重要表现，大部分学者选取第二产业增加值占地区 GDP 比重或是第三产业增加值占地区 GDP 比重来表示产业结构。王楠楠（2015）通过回归分析认为，无论我国整体情况是否在生态文明建设较好的地区，第三产业占地区生产总值比重对生态效率的影响都是最大的。黄志红（2016）研究表明，在其他条件不变的情况下，产业结构高度化水平提高 1%，城市生态效率就会提高 0.043%，所以推动产业转型和结构调整是加强生态文明建设的关键。付丽娜等（2013）运用回归分析提出，产业结构高级化对生态效率的影响是积极的，大力扶持高新技术产业和服务业是今后的发展方向。李华旭等（2017）研究认为，第二产业占比对长江经济带沿岸城市的生态文明具有不显著的负面影响。黄建柏和贺稳彪（2017）分析了全球的绿色发展情况，认为第二产业增加值占 GDP 比重与绿色发展的相关系数为负但是不显著。

3. 城市化水平

张文博和邓玲（2017）选用人口规模反映城市规模，认为人口规模与绿色发展呈倒 U 形关系，并提出城市的集聚效应和规模效应可以提高资源利用效率，扩大技术外溢影响，因而提高了城市的绿色经济效率。李爽等（2018）在对长江流域城市的分析中指出，城市的集聚效应和拥挤效应是制约绿色发展的主要原因。王瑾瑾（2016）从农村的角度分析，采用非农人口占总人口比重来反映城市化，认为城市化水平越高，农村绿色发展水平越好，但是当城市化增长率小于劳动增长率时，两者呈负相关。

4. 对外开放程度

苏方林等（2011）分析了江西省 1988～2008 年以来的低碳发展情况，认为外商直接投资和外贸出口会增加江西省的碳排放量，从而阻碍低碳发展。徐广月和宋德勇（2010）与宁学敏（2010）等的研究也得到相似结论。王庆才（2017）利用我国 1998～2005 年的面板数据，认为国内产业承接和国外产业承接以及就业规模是影响我国东北、中部、西部、东部地区低碳发展的重要因素。

5. 环境规制与政策

石莹（2016）用当年颁布的地方政府规章和当年受理环境行政处罚案数量表示环境规制，研究表明，环境规制对东部、西部的影响大于中部，而文化观念和城乡社会对西部地区的影响最大。刘佳琦（2015）认为影响总人口数量的相关政策是影响城市生态环境建设的主要因素，一方面，人口的快速增长不仅使人均城市绿地面积减少，还会带来更多的生活垃圾污染；另一方面，人口质量对生态建设也是一个重要的因素，人口在环境保护方面素质的提高可以对环境产生积极的影响。吴远征和张智光（2012）立足现有的关于生态文明建设框架认为，环境规制和政策对生态文明建设有较大的影响，用生态多样性保护政策和生态立法执法水平来表示生态政治。加强对环境的管制可以有效的提升城市生态文明建设效率，对于具体的影响因素，地区政策的实施是影响蓝色经济区生态环境的关键因素（刘涛，2016）。郭永杰等（2015）认为，环境投资在短期内会增加财政压力，但是良好的生态环境所带来的生态效益在长期内会有不可估量的价值，环保支出占财政支出比重和环境污染治理投资仍然是制约黄河沿岸县区的重要影响因素。朱斌和吴赐联（2016）运用改进的 TOPSIS 的方法分析了福建省各市的城市绿色发展，提出污染治理投资的不足是影响福州、莆田、厦门绿色发展的因素。

6. 资源禀赋

自然资源禀赋对区域生态文明建设具有重要影响。马勇和黄智洵（2017）分析了长江中下游城市群绿色发展现状，认为当地水资源禀赋与绿色发展指数呈正相关、负相关共存的关系。于成学和葛仁东（2015）从自然资源的角度分析了辽宁省 1993～2013 年绿色发展情况，发现辽宁省在 1993～2005 年的资源开发利用对绿色发展影响不大，2005～2009 年对绿色发展的影响较为明显，而 2009～2013 年辽宁省的资源开发利用对地区绿色发展的影响呈现波动态势。邢新朋等（2014）指出资源禀赋的开发不但直接影响了地区的碳排放强度还会影响区域创新能力而制约一个地区的低碳发展。此外，张振举和张莉（2015）认为能源消费也是影响生态文明的重要因素。张广裕（2013）研究表明能源消费的碳强度是低碳发展的最大影响因素，而影响单位能源碳排放率的因素就只是能源结构和能源减排技术。张旺等（2014）基于中国 GDP 前 110 强地级市以上城市低碳发展水平进行研究，认为能源效率是影响低碳发展较好城市的主要因素。黄建柏等（2017）研究认为提高非化石能源在一次能源消费中的比重可以促进绿色发展。尹传斌和蒋奇杰（2017）对我国西部地区进行分析，认为能源消费结构与污染物排放密切相关，煤炭消费比重的增加会使污染物排放也增加，从而阻碍绿色发展。张新伟等（2017）认为能源要素是影响东中西部生态文明建设出现差异化的主要原因，其中能源开发利用对中西部地区的生态环境存在着"生态剥削"的效应，而环境或生态因素对东部经济较发达地区的影响大，且都是正面影响。

7. 其他方面的影响因素

研究认为，地区分布对不同区域的生态文明建设也有重要影响，胡卫卫等（2017）在福建省用地区年末人口与地区面积的比重表示地域层面的指标下，认为研究结果表示地区分布对生态效率的影响较为明显，福建省沿海城市的生态建设较好而内陆城市生态发展较差。杨志华和严耕（2012）认为，区域协调发展能力是影响生态文明建设的关键因素。此外，姚石和杨红娟（2017）基于全国 31 个省市区 2012～2014 年的面板数据，用万人拥有公交数量和人均受教育年限表示生态文明意识，提出生态文明意识在我国 2012～2014 年是逐年提高的，并且已经渗透在生态文明建设的方方面面，认为如果没有健康的生态文明意识就没有合理的生态文明行为，也没有健全的生态文明制度。

二、研究评述

总体而言，现有研究将科技创新与生态文明建设紧密结合的文献并不多，在两者关系研究的文献中，将科技创新当成一个整体，并没有将其按支出对象进行细化，也没有考虑科技创新对生态文明建设的空间溢出效应。在影响机理研究的文献中，对于影响的结果、影响路径只是进行了大致描述，对于科技创新影响生态文明建设的具体传导机制依然比较模糊。在评价指标方面，并未找到一套可以用于评价科技创新对生态文明建设的支撑和引领作用的指标体系。上述研究不足为本书提供很好的切入点，所以我们以"科技创新引领生态文明建设的机制和评价体系研究"为主题，通过理论模型、灰色关联度方法、格兰杰因果检验模型、空间计量模型等方法将科技创新与生态文明建设建立有机联系，细致刻画两者之间的关联，这也正是本书在学术上可能的边际贡献。

第三章
江西省科技创新与生态文明
建设现状与问题分析

刘奇强调，要在巩固提升生态优势上落细落实。全力实施好《划定并严守生态保护红线的实施意见》，全面落实好省域空间规划、主体功能区布局规划，实施好重大生态工程，建设好、用好国家和省级重大平台，进一步提升生态环境质量。要在发展绿色经济上提质增效，加快发展绿色生态农业，努力改造提升传统产业，充分发挥市场机制作用，推动生态要素向生产要素转变、生态财富向物质财富转变，加快绿色崛起。要在创新体制机制上形成成果，主动加强与国家新组建部委的衔接，鼓励大刀阔斧、雷厉风行去闯去试，加快推进生态文明体制改革，努力形成一批可复制可推广的制度成果。

一、江西省科技创新的现状分析

（一）科技创新的评价指标体系与说明

基于前人研究成果，综合考虑数据可获得性，本书最后从科技创新投入和科技创新产出两个方面共选择了 6 个具体指标如表 3 - 1 所示。科技创新投入指标主要有 R&D 经费内部支出、R&D 人员、R&D 人员折合全时当量，其中 R&D 经费内部支出采用 2006 年不变价以消除价格因素的影响，R&D 人员折合全时当量是指 R&D 全时人员（全年从事 R&D 活动累积工作时间占全部工作时间的 90% 及以上人员）工作量与非全时人员按实际工作时间折算的工作量之和。通过统计可知，2006 ~ 2016 年，江西省年均 R&D 经费内部支出为 54.57 亿元，年均增长率为 6.91%；R&D 人员平均值为 55114.09 人，年均增长率为 20.84%，是 R&D 经费投入增长率的 3.02 倍；R&D 人员折合全时当量年均值为 37091.01 人/年，平均增长率仅有 7.14，远低于 R&D 人员增长率。这说明参与 R&D 人员是绝对数量，表明涨幅非常显著，但是实际投入 R&D 的工作量却明显滞后。

表 3 – 1　2006～2016 年江西省科技创新指标体系及描述性统计分析

一级指标	二级指标	均值	标准差	年均增长率（%）
科技创新投入	R&D 经费内部支出（亿元）	54.57	9.27	6.91
	R&D 人员（人）	55114.09	23872.19	20.48
	R&D 人员折合全时当量（人/年）	37091.01	7967.32	7.14
科技创新产出	专利申请受理量（项）	16735.45	17155.55	35.50
	专利授权量（项）	9648.64	9413.62	36.19
	高新技术产业增加值占 GDP 比重（%）	8.98	1.84	6.56

注：R&D 人员折合全时当量指 R&D 全时人员（全年从事 R&D 活动累积工作时间占全部工作时间的 90% 及以上人员）工作量与非全时人员按实际工作时间折算的工作量之和。

资料来源：历年《江西统计年鉴》。

科技创新产出指标主要包含专利申请受理量、专利授权量、高新技术产业增加值占 GDP 比重。2006～2016 年，江西省专利申请受理量和专利授权量年均值分别为 16735.45 项和 9648.64 项，年均增长率分别为 35.50% 和 36.19%，专利授权率平均为 57.65%。高新技术产业增加值占 GDP 比重平均值为 8.98%，年均增长率为 6.56%，表现出稳步上升的趋势。

（二）江西省科技创新的现状分析

1. 科技创新投入现状分析

科技创新投入情况主要统计企业、科研机构和高等院校 3 种类型主体的情况。从 R&D 经费支出情况看，全省 R&D 经费总支出平稳增长，从 2006 年的 37.87 亿元增长到 2016 年的 72.95 亿元，涨幅达到 92.65%。具体分析 3 类科技创新投入主体可得，企业在 R&D 经费支出中占主导地位，占 R&D 经费总支出超过 78%，且增长速度最快，年均增长率高达 10.57%，远远超过科研机构的 1.62% 和高等院校的 0.19%（见图 3 – 1）。从 R&D 人员投入情况看，全省 R&D 人员投入增幅非常显著，从 2006 年的 19985 人增加到

2016 年的 95141 人，增长了 3.76 倍。其中企业 R&D 人员投入最多，其次是高等院校。2016 年，企业 R&D 人员投入高达 66534 人，比 2006 年增长了 5.22 倍，占全省 R&D 人员总数的 69.93%（见图 3 - 2）。从 R&D 人员折合全时当量情况看，相比 R&D 人员投入，R&D 人员折合全时当量增长比较缓慢，年均增长率只有 8.75%，约为 R&D 人员年均增长率（34.18%）的 1/4（见图 3 - 3）。也就是说，2006 ~ 2016 年全省 R&D 人员绝对数量确实增长迅速，但是真正从事 R&D 活动的工作量投入却没有同比增长。说明 R&D 人员增长主要是以非全时 R&D 人员增长为主。

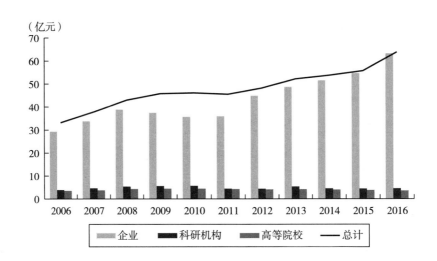

图 3 - 1　2006 ~ 2016 年江西省各类主体的 R&D 经费支出情况

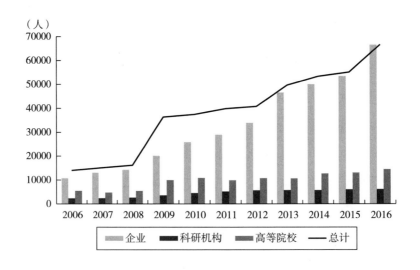

图 3 - 2　2006 ~ 2016 年江西省各类主体的 R&D 人员投入情况

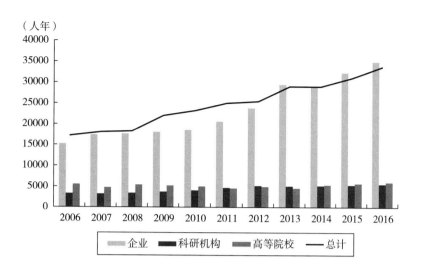

图 3 - 3　2006～2016 年江西省各类主体的 R&D 人员折合全时当量

2. 科技创新产出现状分析

（1）专利申请情况。2006～2016 年的 11 年来，江西省专利申请数量激增，从 2006 年的 3163 项增加到 2016 年的 60494 项，年均增长率为 35.53%。我国《专利法》将专利分为发明专利、实用新型专利和外观设计专利三类。其中，发明专利是指对产品、方法或者其改进所提出的新的技术方案。但发明专利并不要求它是经过实践证明可以直接应用于工业生产的技术成果，它可以是一项解决技术问题的方案或是一种构思，具有在工业上应用的可能性。实用新型专利是指对产品的形状、构造或者其结合所提出的适于实用的新的技术方案。授予实用新型专利不需经过实质审查，手续比较简便，费用较低，但实用新型专利保护的范围较窄，只保护有一定形状或结构的新产品，不保护方法以及没有固定形状的物质。外观设计专利是指对产品的形状、图案或其结合以及色彩与形状、图案的结合所作出的富有美感并适于工业应用的新设计。

从 3 种类型专利申请的绝对数量看，发明专利、实用新型专利和外观设计专利申请数量年均增长率分别为 26.66%、37.43% 和 39.89%（见图 3 - 4）。相比而言，发明专利增长率较低。从专利技术结构看，实用新型专利申请一直占据主导地位，实用新型专利申请数量占专利申请总数平均为 48.24%，从 2015 年开始占比超过 50%，2016 年达到 54%。而创造水平及科技含量较高的发明专利的占比则总体呈下降趋势，尤其是自 2010 年以来，发明专利的占比从 31.12% 下降到 2016 年的 13.56%。江西省出现专利申请数量井喷，而专利质量不高的重要原因在于国家层面的主导。2011 年，在我国的主要政策文件中，有超过 10 项国家级别量化的未来专利目标。例如，《全国专利事业发展战略（2011—2020 年）》中规定，至 2015 年，每年专利申请量达到 200 万件；到 2020 年，把我国建设成为专利创造、运用、保护和管理水平较高的国家。在国家级专利量化目标下，地方政府为了完成年度专利申请数量，都将专利申请量作为年度政府任务硬性摊派并层层向下级政府下达。2016 年，《江西省建设特色型知识产权强省试点省实施方案》（赣府字〔2016〕85 号）的主要目标是，到 2020 年年底，全省专利申请总量年均增速 25% 以上。

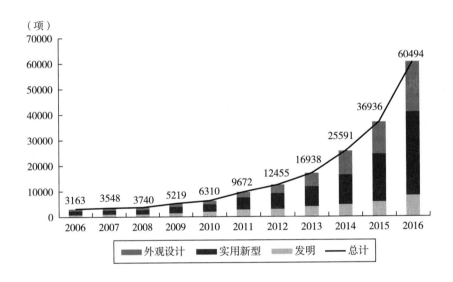

图 3 - 4   2006~2016 年江西省三种类型的专利申请受理数量情况

从专利申请主体看，具体统计了个人、大专院校、科研单位、工矿企业和机关团体 5 种类型主体的专利申请情况。从数据分析可得，个人和工矿企业是专利发明的主力军（两者之和平均占到 88.17%）（见图 3 - 5）。2012 年及之前，个人的专利申请数量比例最大，平均占到 57.30%，其次是工矿企业（31.60%）。但是从 2013 年开始，工矿企业专利申请数量超过了个人，而且两者差距有逐年扩大的趋势。2016 年，工矿企业专利申请数量达到 30119 项（占总数的 49.79%），而个人专利申请数量为 22370 项（占总数的 36.98%）。

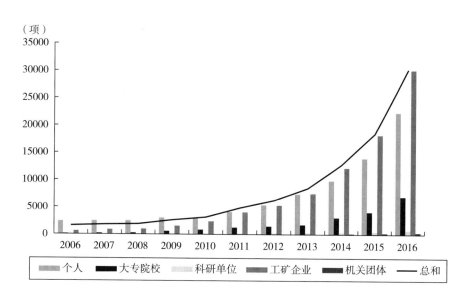

图 3 - 5　2006～2016 年江西省各类主体的专利申请受理数量情况

（2）专利授权情况。2006～2016 年，江西省专利授权总数量从 1528 项增长到 31472 项，增加了 20 倍，专利授权率平均值为 58.44%。从专利类型授权情况看，就专利授权绝对量而言，实用新型专利的授权量是最多的，平均值为 5519 项（年均增长率为 36.21%），这与实用新型专利申请数量最大有直接关系，其次是外观设计专利授权量 3369 项（年均增长率为 38.81%），发明专利授权量最少，平均只有 752 项（年均增长率为 30.16%）。就专利授权率而言，也是实用新型专利的授权率最高，平均授权率为 71.57%，其次是外观设计授权率 69.04%，而发明专利平均授权率仅为 22.40%。也就是说，发明专利不仅在申请量上最低，授权量、授权率都是最低的（见图 3 - 6）。这一结论表明，江西省在专利事业发展上，既要保持专利数量的增长，更重要的是要在提高专利质量上做更大的努力。

从专利主体看，2013 年及之前，个人的专利授权数量（年均数量 2388 项，占比 58.16%）高于工矿企业专利授权数量（年均数量 1724 项，占比 33.37%）；而 2014 年之后，工矿企业专利授权数量远远超过个人专利授权数量，而且差距越来越明显，从 2015 年开始，工矿企业专利授权数量占全省专利授权总数超过 50%（见图 3 - 7）。2016 年，工矿企业专利申请数量达到 17805 项（占总数 56.57%），而个人专利申请数量为 9989 项（占总数 36.74%）。从各主体专利授权率看，企业和个人的专利授权率是最高的，平均达到 60.25% 左右，其次是科研单位和机关团体，平均授权率为 51% 左右，大专院校的专利授权率是最低的，仅有44.75%（见表3-2）。

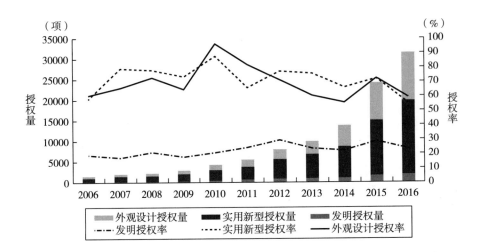

图3-6 2006～2016年江西省各类专利授权量与授权比例情况

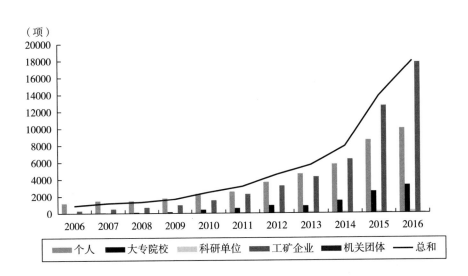

图3-7 2006～2016年江西省各类主体的专利授权数量情况

表3-2 2006～2016年江西省各类主体的专利授权率情况　　　　　单位：%

年份	总和	个人	大专院校	科研单位	工矿企业	机关团体
2006	48.44	49.46	25.20	51.85	48.68	100.00
2007	58.31	60.02	34.08	34.09	59.58	70.00
2008	61.27	59.09	40.37	73.53	72.40	54.55
2009	55.80	59.25	25.04	34.33	61.52	80.00

年份	总和	个人	大专院校	科研单位	工矿企业	机关团体
2010	68.99	78.14	50.06	64.44	64.80	48.15
2011	57.37	62.29	47.76	57.61	55.68	31.11
2012	64.10	68.19	61.19	53.31	60.97	79.31
2013	58.86	63.00	49.25	57.59	57.30	20.00
2014	54.04	58.64	48.71	50.81	52.13	20.44
2015	65.41	61.81	62.82	50.61	69.63	28.51
2016	52.02	44.65	47.75	41.64	59.12	18.75

上述结果说明，企业是最重要的科技创新主体，企业的科技创新能力决定着整个经济的科技创新能力。从国外经验看，研发经费大部分也来自企业特别是大企业，2017年，在全球研发投入最多的100家企业中，有73家是世界500强企业。美国和德国，65%以上的科研经费来自企业部门，日本超过70%。在人才集聚上，科技人才不是孤立存在的，大部分依附于大企业，只有大企业才能支撑庞大的研究队伍。在技术创新上，企业研发机构比其他科研部门更有优势，企业更贴近生产一线和客户，更了解生产需要和客户需求。所以想要提升科技创新对生态文明建设的引领作用，必须加快建立高水平科技创新体系，推动产生更多科技创新主体，集聚更多科技创新要素，营造更好科技创新环境，充分发挥企业科技创新主体作用。

（3）高新技术产业发展情况。高新技术产业是科技创新的成果之一，由图3-8可见，江西省高新技术产业发展态势良好，高新技术产业增加值占GDP比重从2006年的6.85%增加到2016年的12.68%，翻了将近一番。尤其进入2014年，江西高新技术产业发展迅猛，每年增长占GDP比重将近10个百分点。

3. 科技创新综合指数分析

本书的科技创新综合指数的计算包括两步：

第一步，无量纲化。由于科技创新的6个指标的计量单位并不一致，并不具可比性。所以在综合分析江西省科技创新情况之前需要对各个指标的数据进行无量纲化处理。本书所采用的无量纲化处理方法为初始值法，公式如下：

$$X_i'(j) = X_i(j)/X_i(1) \tag{3-1}$$

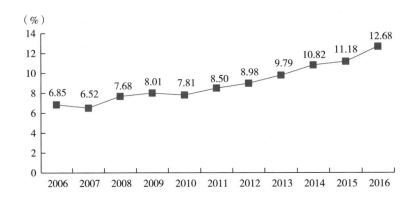

图 3 - 8　2006 ~ 2016 年江西省高新技术产业增加值占 GDP 比重情况

式中，$X_i'(k)$ 表示 $X_i(k)$ 无量纲化处理后的数值；$i = 1，2，\cdots，N$，N 为指标的个数；$j = 1，2，\cdots，n$，n 为年份长度。无量纲结果如表 3 - 3 所示。

第二步，计算科技创新综合指数。对指标进行无量纲化处理后，采用加权平均法计算 2006 ~ 2016 年江西省科技创新的综合指数，公式如下：

$$Tec = \sum_{i=1}^{N} \sum_{j=1}^{T} W_{ij} X_{ij} (N = 1,2,\cdots,6; T = 1,2,\cdots,11) \tag{3-2}$$

式中，Tec 为科技创新综合指数，Y_{ij} 为指标的第 i 个体第 j 年的指数，N 为指标个数，T 为年份。W_{ij} 为第 i 个体第 j 年的指标的权重，本书给所有科技创新指标赋予均等的权重。

从科技创新的综合得分结果看，江西科技创新综合水平提升速度较快，从 2006 年的 6.00 增加到 2016 年的 50.07，提高了 7.34 倍（见图 3 - 9）。从具体增长项目看，科技创新产出指数提升显著，从 2006 年的 3.00 增长至 2016 年的 41.42，涨幅达到近 13 倍，对科技创新综合指数的总体贡献率从 50% 提升到 82.72%。相比而言，科技创新投入产出指数增长并不突出，从 2006 年的 3.00 增长至 2016 年的 8.65，年均增长率为 17%；对科技创新综合指数的总体贡献率从 50% 提升到 17.28%。科技创新产出指数与投入指数之比从 1 提升到 4.8。充分说明这些年江西省科技创新综合指数的迅速增长主要得益于科技创新产出指数的显著提升，也就是说江西省科技创新的投入—产出效率明显提升。

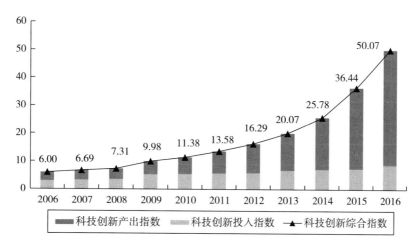

图 3 - 9 2006 ~ 2016 年江西省科技创新综合得分情况

仔细分析具体指标可知，科技创新产出指数增长主要是专利申请数量和专利授权数量增长非常明显，2006 ~ 2016 年总体提高了 18 倍以上（见表3 - 3）。近年来，为落实习总书记重要讲话精神，贯彻国家创新驱动发展战略纲要，江西省委提出"创新引领、绿色崛起、担当实干、兴赣富民"工作方针，将创新驱动作为第一重要任务。2015 年，江西省政府办公厅印发《江西省实施知识产权战略行动计划（2015—2020 年）的通知》，明确到 2020 年，全省知识产权创造水平大幅提升，专利申请总量和发明专利申请年均增速均为25% 以上，每万人有效发明专利拥有量达到 2 件，推动江西省知识产权发展进入新阶段。2017 年以来，江西省出台了《江西省推进创新型省份建设行动方案（2018—2020 年)》、《江西省推进创新型省份建设工作机制》、《加快新型研发机构发展办法》和《关于加快科技创新平台高质量发展十二条措施》等系列文件，其中，"行动方案"摹画出江西省科技创新的四大体系建设蓝图；"工作机制"明确创新省份建设的推进制度；发展办法和"十二条措施"提出了培育新型研发机构和平台的具体措施。几个文件有总有分、互为支撑，为推进全省创新驱动发展进一步提供了政策保障。

表 3 - 3 江西省科技创新各指标无量纲化结果

年份	科技创新投入			科技创新产出		
	R&D 经费内部支出	R&D 人员	R&D 人员折合全时当量	专利申请受理量	专利授权量	高新技术增加值占GDP 比重
2006	1.00	1.00	1.00	1.00	1.00	1.00

年份	科技创新投入			科技创新产出		
	R&D 经费内部支出	R&D 人员	R&D 人员折合全时当量	专利申请受理量	专利授权量	高新技术增加值占GDP比重
2007	1.14	1.08	1.05	1.12	1.35	0.95
2008	1.30	1.16	1.06	1.18	1.49	1.12
2009	1.38	2.60	1.28	1.65	1.90	1.17
2010	1.39	2.68	1.35	1.99	2.83	1.14
2011	1.37	2.85	1.45	3.05	3.61	1.24
2012	1.45	2.91	1.48	3.93	5.20	1.31
2013	1.58	3.55	1.69	5.34	6.49	1.43
2014	1.62	3.81	1.69	8.07	9.00	1.58
2015	1.68	3.94	1.80	11.65	15.73	1.63
2016	1.93	4.76	1.96	19.08	20.49	1.85

（三）江西省科技创新区域差异分析

1. 各设区市专利申请情况差异分析

图 3-10 展示了江西省各设区市专利申请情况，具体而言，2006 年，南昌专利申请数量达 1184 件，占全省总量的 37.43%，其次是宜春（307 件）、赣州（277 件）和九江（240 件），其余 7 个设区市专利申请数量均低于 200 件。2012 年，南昌专利申请数量达 4516 件，占全省总量的 36.24%，其次是赣州（1872 件）和九江（1058 件）。2016 年，南昌和赣州的专利申请数量分别为 16184 项和 13016 项，两个设区市的专利申请数量占到全省总数的一半以上。就增长率而言，赣州专利申请数量的增长率是最高的，2016 年比 2006 年增长了 46 倍。这与赣州出台相关促进科技创新的文件和措施有密切关联，据统计，2015 年，章贡区、南康区专利申请量突破 1000 件，成为全省 4 个专利申请量过千件的县（市、区）。从 3 种类型专利申请情况而言，表征科技创新核心竞争力的发明专利指标普遍偏低，而且多个设区市发明专利占比出现下降趋势。相对而言，南昌的发明专利占比最高，平均值为 31.85%，九江的发明专利占比最低，平均值只有 15.52%。通过时序比较发

现，2012 年以来江西大多数设区市发明专利占比出现下降趋势，尤其是鹰潭、新余和萍乡，年平均变化率分别达到 -26.20%、-24.92% 和 -24.15%。从 2016 年数据看，鹰潭的发明专利占比仅有 4.04%，上饶、抚州、新余、萍乡和吉安的发明专利占比均低于 10%。发明专利占比下降的原因是专利申请总量增长较快，但是专利的质量不高。

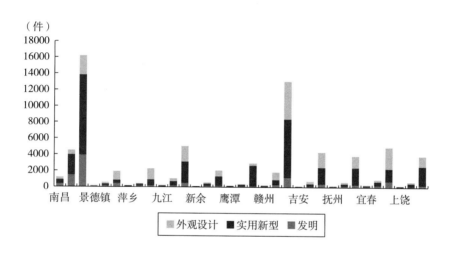

图 3-10　2006 年、2012 年、2016 年江西省 11 个设区市各类专利申请情况

关于设区市专利授权率情况，南昌和赣州的专利授权率并不是最高的，2006～2016 年的 11 年江西省专利授权率较高的是景德镇、鹰潭和抚州，分别达到 67.85%、65.11% 和 60.05%，其余 8 个设区市均低于 60%，其中宜春的专利授权率最低，仅有 49.87%。2016 年，专利授权率超过 60% 的有吉安、抚州、鹰潭、新余、萍乡、宜春和九江 7 个设区市，其中，吉安的专利授权率高达 81.44%，在全省排名第一，比排名最后的赣州（40.07%）高出 41.37 个百分点（见图 3-11）。虽然从经验数据来看，景德镇的专利申请并不活跃，但是成功率比较高，景德镇结合创新型城市建设，鼓励创新创业，加大专利申请资助力度，多措并举使知识产权工作稳步提升。2017 年，景德镇专利申请总量达 2492 件，同比增长 63.7%，增幅全省第一；专利授权总量达 1329 件，同比增长 50.3%，增幅全省第二；每万人有效发明专利拥有量达 2.9 件，同比增长 0.76 件，增幅列南昌市之后排名全省第二。

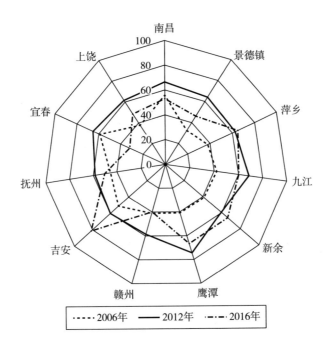

图3-11　2006年、2012年、2016年江西省11个

设区市专利授权率（单位:%）

从3种类型的专利授权率情况看，各设区市的发明专利授权率一直低于实用新型和外观设计专利授权率，而且差距很明显（见表3-4和图3-12）。综观2006~2016年，发明专利授权率比实用新型和外观设计授权率平均低40~50个百分点。年均发明专利授权率最低的是赣州，只有16.69%，其次是九江（18.19%）和上饶（18.71%）。从3类授权率差距看，发明专利授权率与实用新型、外观设计专利授权率差距最大的是鹰潭，实用新型、外观设计专利授权率是发明专利授权率的4倍左右，其他设区市也有2.75~3.70倍不等。

表3-4　2006年、2012年、2016年江西省11个设区市各类专利授权率　　单位:%

地区	发明专利授权率			实用新型授权率			外观设计授权率		
	2006	2012	2016	2006	2012	2016	2006	2012	2016
全省	18.96	29.38	23.34	57.77	77.21	54.99	60.30	71.14	59.07
南昌	21.94	31.58	26.04	73.53	84.12	62.27	65.76	80.63	59.43
景德镇	11.11	30.08	18.82	60.87	79.83	60.46	24.18	68.21	52.08
萍乡	11.63	29.51	32.24	37.19	79.53	67.31	84.62	58.57	68.21
九江	9.09	29.09	17.82	51.75	74.45	52.90	43.40	77.97	81.54

地区	发明专利授权率			实用新型授权率			外观设计授权率		
	2006	2012	2016	2006	2012	2016	2006	2012	2016
新余	27.78	25.00	38.13	49.35	78.23	79.97	27.27	57.86	51.40
鹰潭	13.73	10.98	28.57	41.24	93.77	65.65	92.31	80.00	93.31
赣州	11.67	23.43	14.47	57.14	60.72	38.02	38.46	67.79	49.45
吉安	25.58	28.21	21.63	50.79	65.50	72.73	78.05	66.56	103.34
抚州	37.50	26.53	30.98	60.00	67.41	53.53	30.36	68.75	49.52
宜春	10.98	37.38	21.55	58.28	75.15	52.67	113.51	69.51	22.90
上饶	16.22	24.80	23.38	34.23	67.34	37.30	75.00	74.41	74.48

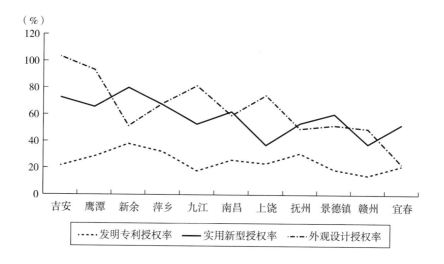

图 3 - 12　2016 年江西省 11 个设区市 3 类专利授权率情况

2. 各设区市科技创新综合指数城际差异分析

鉴于数据的可获得性，江西省 11 个设区市科技创新指标值选取了专利申请数量、专利授权数量和高新技术产业占 GDP 比重 3 个指标。设区市科技创新综合得分的计算方法依然参照省级科技创新综合得分的算法，首先进行无量纲化，其次通过加权平均法进行计算综合得分。但是为了增加不同年份不同设区市之间的可比性，本部分采用无量纲化方法的并不是初始值法，而是标准化法中的极值处理法，公式如下：

$$X'_{ij} = (X_{ij} - m_j) / (M_i - m_j) \qquad (3-3)$$

式中，X'_{ij} 表示第 i 个体第 j 年的指数 X_{ij} 无量纲化处理后的数值；M_i 表示 $\{X_{ij}\}$ 的最大值，m_j 表示 $\{X_{ij}\}$ 的最小值。

　　从设区市科技创新综合得分结果看，2006～2016 年的 11 年不同设区市科技创新总体水平处于上升趋势，但是增长幅度有较大的地区差异（见图 3-13）。南昌的科技创新水平最高，平均值为 0.266，其次是吉安（0.191）和赣州（0.166），其余 8 个设区市的科技创新平均得分均小于 0.10，最低的是景德镇、鹰潭和抚州，分别仅有 0.048、0.056 和 0.056。

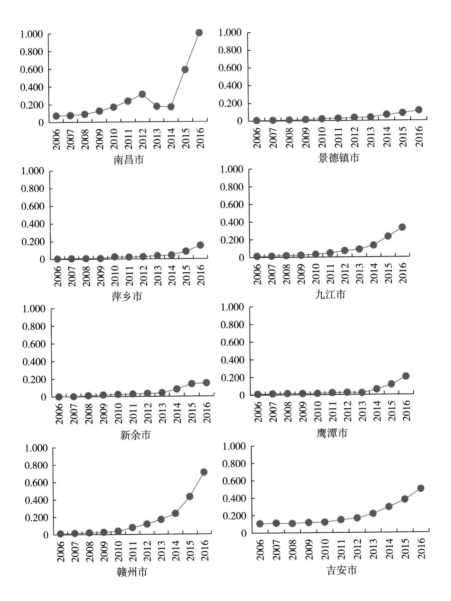

图 3-13　2006～2016 年江西省 11 个设区市科技创新综合指数变化情况

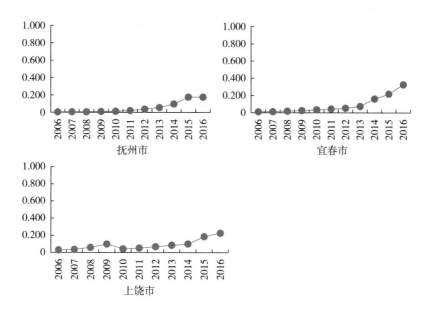

图3-13 2006~2016年江西省11个设区市科技创新综合指数变化情况（续图）

比较2006年、2012年和2016年各地的科技创新综合指数发现，南昌科技创新的起点较高，坚实的科技成果积累叠加，加上较强的城市吸附能力，吸引大量资金、人才和技术的注入，所以科技创新水平一直遥遥领先（见图3-14）。而赣州科技创新的起点和九江、宜春、上饶等地差不多，但是赣州科技创新水平提升势头非常显著，通过走访赣州相关部门、赣州市国家高新区管委会和若干工业企业，本书课题组了解到，近年来，赣州为推动企业转型升级，提升企业自主创新能力，出台了《大力推进科技协同创新的实施意见》《科技兴园兴企的若干意见》等系列政策，实施"一企一策"精准帮扶企业发展的政策措施，完善建设各类科研创新公共服务平台，如青峰药业"创新天然药物与中药注射剂重点实验室"获批国家重点实验室、赣州国家钨和稀土新材料高新技术产业化基地被认定为国家高新技术产业化基地；支持科技型中小企业在高新技术领域加强产品开发和成果转化，并开展了知识产权入园强企工作。此外，为了提高科技创新和成果转化的热情，赣州在全省率先设立市级自然科学奖、技术发明奖、科技进步奖，科技奖项目一、二、三等奖的奖金额度提高到10万元、6万元和2万元。

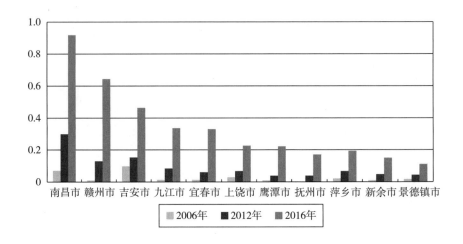

图 3 - 14　2006 年、2012 年、2016 年江西省 11 个设区市科技创新综合指数

3. 各设区市科技创新综合指数空间差异分析

由于图 3 - 15 是基于 ArcGIS 的自然断点法绘制的，所以图中 3 个等级的空间变化并不是依据各设区市科技创新指数绝对值的变化进行划分。例如，某设区市的科技创新指数虽然在时序上看绝对值是递增的，但是如果该市科技创新指数的增长速度低于其他城市，从空间演变图上可能会展示该市科技创新指数降低了等级。从 4 个年度江西省 11 个设区市科技创新综合指数空间演化图可知，相对而言，科技创新综合能力较强的区域从赣东北和赣南转移到赣西北和赣南。南昌一直是科技创新高地，赣州、九江和宜春的科技创新水平在全省一直持续增强；景德镇、萍乡的科技创新能力则出现相对变弱的趋势；上饶、新余地区，则经历了科技创新先变强再变弱的过程。

（四）江西省科技创新发展存在的问题分析

1. 原创研发有待增强

虽然江西省专利申请数量增幅在全国排名前列，但是总量偏少、质量偏低。2017 年全省专利申请总数仅占全国专利申请总量的 2%，在全国排名第十五位。从专利结构上看，最能体现科技创新水平的发明专利申请比例只有 16.3%，远低于全国平均水平的 35.23%，在全国排名垫底。而且发明专利中改进型发明占多数，体现基础性、原创性的发明专利仍然比较少。原因在于研发经费里面，基础研究的经费比例偏低，仅占 3.5%，比全国平均水平低 2 个百分点。

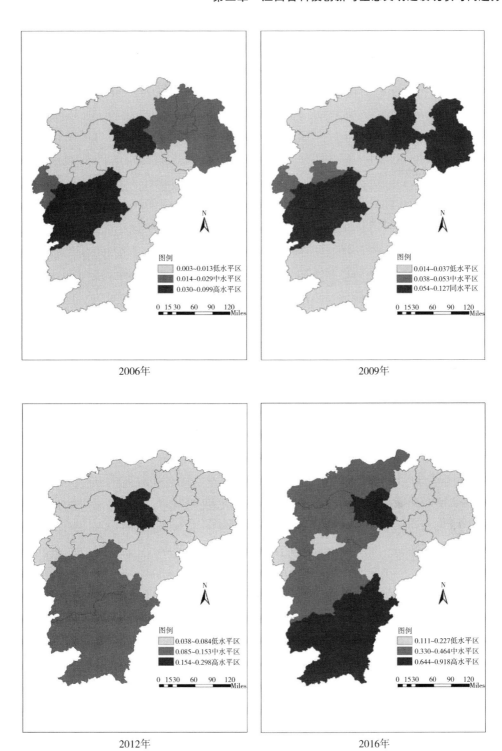

2006年

2009年

2012年

2016年

图 3 - 15　2006 年、2009 年、2012 年、2016 年江西省 11 个

设区市科技创新指数空间演化

2. 资金投入有待提高

2018 年江西省全社会研发经费占 GDP 的比重为 1.4%，比上年提升 0.12 个百分点，但是明显低于全国 2.12% 的平均水平。限于财政资金压力，研发投入强度要实现《江西省推进创新型省份建设行动方案（2018—2020 年)》中 2020 年达到 2.0% 的目标，未来两年每年必须比上年提高 0.3 个百分点，难度非常大。

3. 高端创新型人才有待完善

习近平总书记强调，建设世界科技强国，关键是要建设一支规模宏大、结构合理、素质优良的创新人才队伍，激发各类人才创新活力和潜力。江西省没有国家级大院大所和"985"高校等优质平台，国家级科技创新平台也只仅占全国 1.3%；拥有院士、长江学者、国家杰青、国家"千人计划"专家在全国所占比例均明显偏低。虽然江西省大力实施人才强省战略，人才队伍建设取得一定成效，但人才结构尚不合理，缺乏能够带动新兴学科、突破生态环保关键技术的高端科技创新人才。

4. 科技型企业有待培育

从研发经费使用情况看，2017 年各类企业经费支出占总研发经费的 87.8%，充分说明企业在生态文明科技创新中的主体地位。但是科技型企业实力较弱，截至 2017 年，《中国独角兽企业发展报告》仍然没有出现 1 家江西企业。2019 年发布的《江西省 2018 年度独角兽、瞪羚企业及培育企业名单》，江西省终于实现独角兽企业零的突破。虽然省里已经启动实施"科技型企业梯次培育行动"，并出台《加快独角兽、瞪羚企业发展十二条措施》，但是科技型企业的孵化与培育工作依然任重道远。

5. 科技宣传有待加强

近年来，江西省科普宣讲活动力度有所下降，2017 年科普宣讲活动举办次数和受众人次分别比 2013 年减少了 21% 和 30%，受众人次占总人口比例也从 2013 年的 8.16% 下降到 2017 年的 5.6%。生态文明科技创新需要发动全民的力量，形成生态文明科技创新共享共建的良好氛围。可以借鉴贵州经验，设立"江西生态日"，作为生态文明建设的创新载体，对地方加强生态文明科技创新宣传教育、提高全民生态文明科技创新意识可发挥重要作用。

二、江西省生态文明机制创新的现状分析

（一）江西生态文明机制创新的新要求

党的十九大报告描绘了"加快生态文明体制改革，建设美丽中国"的路线图、时间表。根据《国家生态文明试验区（江西）实施方案》部署，江西要打造成全国山水林田湖草综合治理样板区、中部地区绿色崛起先行区、生态环境保护管理制度创新区、生态扶贫共享发展示范区的战略定位。其中，生态环境保护管理制度创新区，就是要落实最严格的环境保护制度和水资源管理制度，着力解决经济社会发展中面临的突出生态环境问题，创新监测预警、督察执法、司法保障等体制机制，健全体现生态文明要求的评价考核机制，构建政府、企业、公众协同共治的生态环境保护新格局。[①]

推进生态文明建设，补齐生态文明制度建设的短板至关重要，要构筑四梁八柱的制度体系，增强制度建设的系统性、整体性、协调性，发挥最大的协同效应。要紧紧围绕统筹推进"五位一体"总体布局和协调推进"四个全面"战略布局，围绕建设富裕美丽幸福现代化江西，以进一步提升生态环境质量、增强人民群众获得感为导向，积极探索大湖流域生态文明建设新模式，开辟绿色、富裕、惠民新路径，构建生态文明领域治理体系和治理能力现代化新格局。围绕中央文件确定的体制机制改革方向，江西省把八个领域的制度创新作为生态文明建设的重中之重，既承担中央改革任务，又结合江西特色，探索形成了推动生态文明建设的制度体系。

（二）建立统一监管、统筹协调的管理体制

围绕加强生态文明制度建设的顶层设计，解决生态文明领域职能交叉、权责不明等突出问题，江西建立统一监管、统筹协调的管理体制，坚持

---

① 中共中央办公厅 国务院办公厅印发《国家生态文明试验区（江西）实施方案》和《国家生态文明试验区（贵州）实施方案》，新华社，2017－10－02，http：//www.gov.cn/zhengce/2017－10/02/content_ 5229318. htm。

"废、改、立、释"相结合，优化整合具有替代性的制度等，切实增强生态文明制度的针对性、操作性和系统性，形成制度衔接配套、部门职责清晰、工作协调互动的良好格局。① 江西突出污染源头治理，实施"净空""净水""净土"行动，加快解决大气、水、土壤污染等突出环境问题，逐步改善城乡人居环境。同时，加快推进化肥、农药减量化以及畜禽养殖废弃物资源化和无害化处理，探索向社会购买农村环境治理服务。

（三）建立国土空间开发保护制度

中共中央、国务院印发《生态文明体制改革总体方案》，提出要建立国土空间开发保护制度。江西省建立"三条红线"管理制度的同时，完善了土地利用指标控制体系，强化建设用地预审审批，对不符合产业政策、低水平重复建设、污染严重及严重影响生态、环境安全的项目用地，不予审核或审批。结合供给侧结构性改革，建立全省战略性新兴产业项目用地指标体系，引导产业转型升级（游静，2017）。

（四）探索建立自然资源产权交易制度

自然资源资产产权制度是生态文明领域的全新词汇，关键是明晰自然资源产权，并通过合理定价反映自然资源的真实成本。江西省全面完成国有林场改革试点工作，印发实施了《关于进一步深化国有林场改革的意见》，全省425个林场整合重组为216个，所有林权都已完成确权登记和颁证工作。同时，全面启动国有农垦场确权试点工作，积极探索湿地确权试点。围绕探索建立水权交易制度，推进高安市、新干县、抚州市东乡区3个水资源使用权确权登记试点（游静，2017）。

（五）实行资源有偿使用和生态补偿

资源有偿使用和生态补偿是江西省创新生态文明建设制度体系的一大亮点。江西省出台了《江西省流域生态补偿办法（试行）》和《江西省流域生态补偿配套考核办法》，首期筹集流域生态补偿资金20.91亿元，在全国率先实行全境流域生态补偿。开展跨区域横向补偿试点，启动乐平—婺源"共

---

① 中共江西省委 江西省人民政府关于深入落实《国家生态文明试验区（江西）实施方案》的意见［N］．江西日报，2017-10-04.

产主义水库水环境横向补偿"试点，根据水质监测考核结果，对上游婺源县开展水环境保护和进行治理补偿。建立健全资源有偿使用制度，江西省探索建立工业用地和居住用地合理比价机制，制定并公布实施了城镇基准地价，探索实行工业用地长期租赁、先租后让、租让结合的供地方式（游静，2017）。

（六）构建流域水环境保护协作机制

大力实施河长制、推进流域水环境监测事权改革、建立农村环境治理机制、建立环保督察制度、探索环保司法衔接机制，江西省在环境保护与治理方面，完善和探索生态文明建设的体制机制。在赣江流域开展按流域设置环境监管和行政执法机构试点，构建流域水环境保护协作机制，省级环境保护部门整合相关职责，设置流域环境监管和行政执法机构；探索建立鄱阳湖流域综合管理协调机制，统筹省级层面流域管理职能，完善流域管理与行政区域管理相结合的水资源管理体制，对流域开发与保护实行统一规划、统一调度、统一监测、统一监管。[1]

（七）开展创新性的考评制度

江西省积极探索开展领导干部自然资源资产离任审计、党政领导干部生态环境损害责任追究、生态文明建设目标评价考核等制度创新，生态文明制度更加完善。在进一步细化责任、强化考核，落实水资源保护、水域岸线管理、水污染防治、水环境治理等职责进程中，江西深化生态体制机制创新，鼓励先行先试。推动制度设计逐步由目标考核向责任审计转变，大力实施生态工程、纵深推进山河路长制、探索创新绿色制度，生态审计走向了系统化、规范化、法治化、科学化的新阶段，生态文明建设进程比较顺利。通过建立生态文明建设考核评价和责任追究制度，江西省提高了生态文明在考核中的比重，进一步完善综合考核评价机制。根据主体功能区定位和发展程度，实行了分类考核。建立生态文明建设评价指标体系，制订了《江西省生态文明建设评价考核试点工作方案》，在南昌、赣州等地开展试点工作，研究起草了《生态文明建设指标体系评价方案》，并对全省生态文明建设进展情况进行了初步测算。

---

[1]　中共江西省委 江西省人民政府关于深入落实《国家生态文明试验区（江西）实施方案》的意见［N］. 江西日报，2017 – 10 – 04.

三、江西省生态文明建设的现状分析

（一）生态文明建设的主要内涵

生态文明，是指以人与自然、人与人、人与社会和谐共生、良性循环、全面发展、持续繁荣为基本宗旨的文化伦理形态。生态文明建设不仅局限于种草种树、末端治理，而是发展理念、发展方式的根本转变，涉及政治、经济、文化、社会建设的方方面面，并与生产力布局、空间格局、产业结构、生产方式、生活方式以及价值理念、制度体制紧密相关，是一项全面而系统的工程，是一场全方位、系统性的绿色变革，必须人人有责、共建共享（余培发，2017）。生态文明是人类对传统文明形态特别是工业文明进行深刻反思的成果，是人类文明形态和文明发展理念、道路和模式的重大进步。

（二）生态文明建设的评价指标体系

生态文明建设评价指标体系一直是政界和学界的研究热点。2015 年中央印发的《关于加快推进生态文明建设的意见》（中发〔2015〕12 号）和《生态文明体制改革总体方案》（中发〔2015〕25 号）都将建立生态文明建设绩效评价考核制度作为重要改革任务。2016 年中央印发的《关于设立统一规范的国家生态文明试验区的意见》（中办发〔2016〕58 号）也明确将建立生态文明目标评价考核体系和奖惩机制作为试验区建设的重点任务。为贯彻落实党的十八大和十八届三中、四中、五中、六中全会精神，加快绿色发展，完善生态文明制度体系建设，规范生态文明建设目标评价考核工作，2016 年 12 月，中共中央办公厅、国务院办公厅出台《关于印发〈生态文明建设目标评价考核办法〉的通知》（厅字〔2016〕45 号），采取评价与考核相结合的方式，规范生态文明建设目标评价考核工作。国家发改委、国家统计局、环保部、中组部配套出台了《关于印发〈绿色发展指标体系〉和〈生态文明建设考核目标体系〉的通知》（发改环资〔2016〕2635 号），明确做好生态文明建设目标评价考核的指标依据，要求各省参照制定具体考核办法。

2017 年，江西省发布了《江西省生态文明建设目标评价考核办法（试行）》（赣办字〔2017〕27 号）。为了能够全面反映绿色发展的本质内涵，系统体现生态文明建设的各项要求，江西省绿色发展指标体系设计了资源利用、环境治理、环境质量、生态保护、增长质量、绿色生活、公众满意程度 7 个一级指标、58 个二级指标。该评价指标体系主要依据国家的《绿色发展指标体系》制定，本书在此基础上，综合考虑数据的可获得性，最终确定资源利用、环境治理、环境质量、生态保护、增长质量、绿色生活 6 个一级指标，36 个二级指标，其中正指标 23 个、负指标 13 个。关于权数，一级指标的权数主要根据《江西省生态文明建设目标评价考核办法（试行）》确定，二级指标的权数根据一级指标进行均分，具体如表 3 - 5 所示。

表 3 - 5　江西生态文明评价指标体系

一级指标	序号	二级指标	权数（%）	指标方向
资源利用（权数 = 29.3%）	1	能源消费总量（万吨）	3.26	负指标
	2	单位 GDP 能耗（吨/万元）	3.26	负指标
	3	非化石能源占一次能源消费比例（%）	3.26	正指标
	4	用水总量（亿立方米）	3.26	负指标
	5	单位 GDP 用水量（万立方米/亿元）	3.26	负指标
	6	农田灌溉水有效利用系数（%）	3.26	正指标
	7	新增城市建设用地规模（公顷）	3.26	负指标
	8	单位 GDP 建设用地面积（公顷/亿元）	3.26	负指标
	9	一般工业固体废物综合利用率（%）	3.26	正指标
环境治理（权数 = 16.5%）	10	全省化学需氧量排放总量下降比例（%）	2.06	正指标
	11	全省氨氮排放总量下降比例（%）	2.06	正指标
	12	单位 GDP 二氧化硫排放量（千克/万元）	2.06	负指标
	13	单位 GDP 氮氧化物排放量（千克/万元）	2.06	负指标
	14	危险废物综合利用率（%）	2.06	正指标
	15	污水集中处理率（%）	2.06	正指标
	16	生活垃圾无害化处理率（%）	2.06	正指标
	17	节能环保支出占 GDP 比重（%）	2.06	正指标

一级指标	序号	二级指标	权数（％）	指标方向
环境质量（权数＝19.3％）	18	年末地表水Ⅰ－Ⅲ类水质断面（点位）达标率（％）	3.22	正指标
	19	地表水劣Ⅴ类水体比例（％）	3.22	负指标
	20	细颗粒物（PM2.5）全省浓度平均值（毫克/立方米）	3.22	负指标
	21	生态环境状况指数（EI）	3.22	正指标
	22	单位播种面积农用化肥折纯量（千克/公顷）	3.22	负指标
	23	单位播种面积农药使用量（千克/公顷）	3.22	负指标
生态保护（权数＝16.5％）	24	森林覆盖率（％）	4.13	正指标
	25	湿地保有量占国土面积比例（％）	4.13	正指标
	26	水土流失综合治理面积增长率（％）	4.13	负指标
	27	自然保护区面积（万公顷）	4.13	正指标
增长质量（权数＝9.2％）	28	人均GDP（元/人）	1.53	正指标
	29	城镇居民人均可支配收入（元/人）	1.53	正指标
	30	农村居民人均可支配收入（元/人）	1.53	正指标
	31	第三产业增加值占GDP比重（％）	1.53	正指标
	32	高新技术产业增加值占GDP比重（％）	1.53	正指标
	33	R&D经费支出占GDP比重（％）	1.53	正指标
绿色生活（权数＝9.2％）	34	人均绿色出行（公共交通运行里程）（千米/人）	3.07	正指标
	35	人均城市建成区绿化覆盖面积（公顷/千人）	3.07	正指标
	36	用水普及率（％）	3.07	正指标

（三）江西省生态文明指数的计算与分析

1. 数据来源与描述性统计分析

江西省生态文明评价中的 36 个指标数据主要源于《江西统计年鉴》（2007～2017 年）、《江西省环境统计年报》、《江西省国民经济和社会发展统计公报》（2006～2016 年）以及部分政府工作报告数据，各指标的描述性统计分析如表 3-6 所示。

表 3 - 6 2006~2016 年江西生态文明评价指标的描述性统计分析

一级指标	序号	二级指标	均值	标准差
资源利用	1	能源消费总量（万吨）	6728.17	1335.65
	2	单位 GDP 能耗（吨/万元）	1.16	0.12
	3	非化石能源占一次能源消费比例（%）	5.73	1.16
	4	用水总量（亿立方米）	244.74	16.12
	5	单位 GDP 用水量（万立方米/亿元）	427.61	35.11
	6	农田灌溉水有效利用系数（%）	35.37	0.88
	7	新增城市建设用地规模（公顷）	52.75	22.19
	8	单位 GDP 建设用地面积（公顷/亿元）	17.31	1.27
	9	一般工业固体废物综合利用率（%）	48.66	8.61
环境治理	10	全省化学需氧量排放总量下降比例（%）	1.83	1.16
	11	全省氨氮排放总量下降比例（%）	1.51	0.79
	12	单位 GDP 二氧化硫排放量（千克/万元）	8.93	1.96
	13	单位 GDP 氮氧化物排放量（千克/万元）	4.53	0.90
	14	危险废物综合利用率（%）	84.19	11.53
	15	污水集中处理率（%）	72.28	19.28
	16	生活垃圾无害化处理率（%）	83.73	12.77
	17	节能环保支出占 GDP 比重（%）	0.46	0.11
环境质量	18	年末地表水 Ⅰ - Ⅲ 类水质断面（点位）达标率（%）	79.88	1.53
	19	地表水劣 Ⅴ 类水体比例（%）	4.75	0.57
	20	细颗粒物（PM2.5）全省浓度平均值（毫克/立方米）	65.53	10.58
	21	生态环境状况指数（EI）	81.46	2.22
	22	单位播种面积农用化肥折纯量（千克/公顷）	254.36	2.35
	23	单位播种面积农药使用量（千克/公顷）	17.46	1.25
生态保护	24	森林覆盖率（%）	61.99	1.47
	25	湿地保有量占国土面积比例（%）	6.34	0.63
	26	水土流失综合治理面积增长率（%）	3.89	1.36
	27	自然保护区面积（万公顷）	112.31	8.84
增长质量	28	人均 GDP（元/人）	13078.64	1048.33
	29	城镇居民人均可支配收入（元/人）	9719.55	220.87
	30	农村居民人均可支配收入（元/人）	3800.57	252.39
	31	第三产业增加值占 GDP 比重（%）	35.29	2.53
	32	高新技术产业增加值占 GDP 比重（%）	8.98	1.84
	33	R&D 经费支出占 GDP 比重（%）	1.03	0.29
绿色生活	34	人均绿色出行（公共交通运行里程）（千米/人）	8.40	6.95
	35	人均城市建成区绿化覆盖面积（公顷/千人）	0.99	0.22
	36	用水普及率（%）	97.10	1.15

资料来源：历年《江西统计年鉴》、《江西省环境统计年报》、历年《江西省国民经济和社会发展统计公报》。

2. 生态文明综合指数计算

2006～2016 年江西省生态文明综合指数由 36 个指标个体指数加权平均计算而成，公式如下：

$$Z = \sum_{i=1}^{N} \sum_{j}^{T} W_{ij} Y_{ij} \ (N = 1, 2, \cdots, 36; \ T = 1, 2, \cdots, 11) \qquad (3-4)$$

式中，Z 为生态文明综合指数，Y_{ij} 为指标的个体 i 第 j 年的指数，N 为指标个数，T 为年份。需要特别说明的是，由于各个指标的计量单位并不一致，所以要对各指标的数值进行无量纲化处理，具体采用前文提及的初始值法；其中有 13 个指标为负指标，故需对其进行正向化处理，具体做法是取相反值。此外，单位 GDP 能耗、单位 GDP 水耗、单位 GDP 建设用地地耗、单位 GDP 二氧化硫排放量、单位 GDP 氮氧化物排放量、人均 GDP、城镇居民人均可支配收入、农村居民人均可支配收入等涉及货币的指标，均采用 2006 年不变价以消除价格因素的影响。

3. 生态文明综合指数分析

从江西省生态文明综合指数计算结果看，2006～2016 年的 11 年总体处于上升趋势，从 2006 年的 0.187 提升到 2016 年的 0.628，年均增长率为 18.68%（见表 3-7 和图 3-16）。尤其是 2012 年之后，生态文明建设水平得到质的提升，从 2011 年的 0.301 上涨到 2012 年的 0.629，主要原因是环境治理和绿色生活的得分增长显著。

表 3-7　2006～2016 年江西生态文明综合指数情况

年份	生态文明综合指数	子指标得分					
		资源利用	环境治理	环境质量	生态保护	增长质量	绿色生活
2006	0.187	-0.098	0.082	-0.064	0.083	0.092	0.092
2007	0.192	-0.114	0.096	-0.070	0.087	0.095	0.098
2008	0.358	-0.087	0.207	-0.064	0.099	0.101	0.102
2009	0.296	-0.112	0.178	-0.065	0.089	0.102	0.104
2010	0.310	-0.123	0.167	-0.059	0.109	0.101	0.114
2011	0.301	-0.090	0.134	-0.073	0.103	0.104	0.123
2012	0.629	-0.089	0.210	-0.066	0.108	0.104	0.362
2013	0.528	-0.111	0.197	-0.069	0.104	0.109	0.298
2014	0.596	-0.108	0.210	-0.067	0.093	0.132	0.336
2015	0.531	-0.135	0.160	-0.052	0.095	0.115	0.349
2016	0.628	-0.106	0.167	-0.051	0.141	0.123	0.353

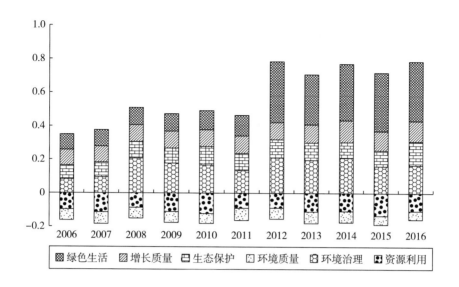

图 3 - 16　2006～2016 年江西省生态文明综合指数及各子项比例情况

具体从生态文明的 6 个子项目看，资源利用、环境治理、环境质量、生态保护、增长质量和绿色生活的初始权重分别为 29.3%、16.5%、19.3%、16.5%、9.2% 和 9.2%。图 3 - 16 展示了 2006～2016 年江西省生态文明建设综合指数以及各子项的变化情况，由于资源利用和环境质量两个子项的值均为负值，所以每个柱状图所展示的总长度并不表示当年生态文明综合指数的真实值，而应该通过大于零的柱状高度减去小于零的绝对高度得到生态文明综合指数。2006～2007 年，6 个子项的得分占生态文明综合指数的比例相对均匀；2008～2011 年，环境治理对生态文明建设综合指数的贡献显著提高，并占据绝对的主导地位；从 2012 年开始，绿色生活对生态文明综合指数的贡献涨幅明显，2012～2016 年的 5 年，环境治理和绿色生活两个子项指数之和占对生态文明综合指数的平均贡献率为 57.17%。

（四）江西省生态文明建设区域差异分析

1. 指标说明与标准化问题

需要说明的是，鉴于部分指标在设区市层面的数据难以收集，所以本部分使用的生态文明建设评价指标体系比省级层面的指标有所减少，最终只选取了资源利用、环境治理、环境质量、生态保护、增长质量和绿色生活 6 个一级指标和 25 个二级指标，具体减少了非化石能源占一次能源消费比例、新增城市建设用地规模、全省化学需氧量排放总量下降比例、全省氨氮排放总量下降比例、年末地表水Ⅰ~Ⅲ类水质断面（点位）达标率、地表水劣Ⅴ类水体比例、细颗粒物（PM2.5）全省浓度平均值、生态环境状况指数（EI）、湿地保有量占国土面积比例、水土流失综合治理面积增长率、R&D经费支出占GDP比重11个指标。

为了增加不同年份不同设区市之间的可比性，本部分对江西省11个设区市2006~2016年25个指标的无量纲方法为标准化法中的极值处理法，具体公式同式（3-3）。各设区市生态文明综合指数计算方法与省级生态文明综合指数计算方法一致，即通过对指标个体指数加权平均求得。

2. 各设区市生态文明综合指数时序差异分析

从综合指数看，图3-17展示了2006~2016年江西省11个设区市生态文明综合指数的变化情况。由图可见，各设区市的生态文明综合指数总体处于平稳向上增长趋势，赣州和九江排名全省前两位，综合指数平均值分别为0.641和0.636，其次是景德镇（0.630）、鹰潭（0.622）、吉安（0.621）和抚州（0.619）。从增长趋势看，新余上涨幅度最大，11年的年平均增长率为2.02%；增长速度最慢的是宜春，生态文明综合指数的年平均增长率为-0.12%。

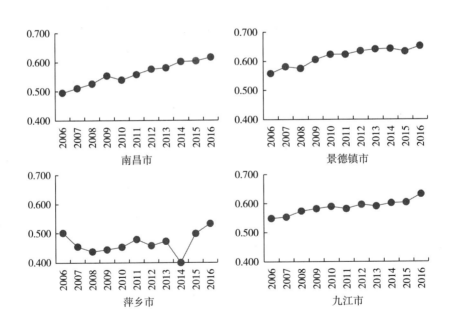

图3-17 2006~2016年江西省生态文明建设地区差异比较

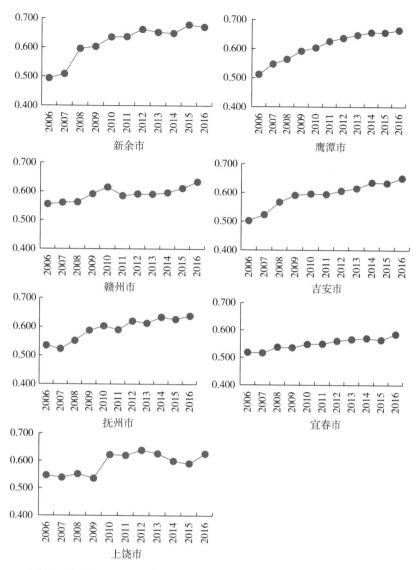

图 3 - 17　2006～2016 年江西省生态文明建设地区差异比较（续图）

3. 各设区市生态文明综合指数城际差异分析

2007 年，党的十七大正式提出"建设生态文明，基本形成节约能源资源和保护生态环境的产业结构、增长方式、消费模式"，并把生态文明建设作为全面建设小康社会的一项新要求、新任务。2012 年，党的十八大报告强调"把生态文明建设放在突出地位，融入经济建设、政治建设、文化建设、社会建设各方面和全过程"，并做出"大力推进生态文明建设"的战略决策，从 10 个方面绘出生态文明建设的宏伟蓝图。所以本书选择 2006 年（生态文明建设的基期年）、2012 年（生态文明建设的转折年）和 2016 年（生态文明建设的加强年）3 个重要节点对生态文明的区域差异进一步分析。

图3-18为11个设区市生态文明综合指数构成的蛛网图，每年形成的面积越大，说明各设区市的生态文明建设水平越高。由图可见，随着时间的推移，各设区市的生态文明综合指数确实存在上涨现象，但是变化情况存在较大的地区差异。在2006年的基期年，所有设区市几乎都在同一起跑线上，综合指数平均值为0.567；2006～2012年大多数设区市有明显增长，如新余、吉安和鹰潭，但是景德镇、九江、赣州和宜春4市在3个时点的生态文明综合指数几乎重叠在一起，变化并不明显。综合本章附表的分析发现，新余、吉安和鹰潭生态文明总数指数增长幅度的原因存在差别。新余和吉安的生态文明总数指数增长幅度较大是因为环境治理指数提升较多，而鹰潭则是因为绿色生活指数涨幅较大的缘故。

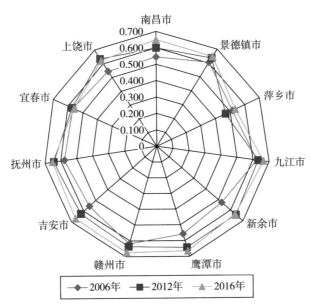

图3-18　江西省11个设区市3个时点的生态文明指标变化

2012年新余引进社会资本参与环境治理，与湖南永清环保签订了《合同环境服务框架协议书》，聘请其为新余合同环境服务总承包商，对新余环境问题全面"问诊把脉"，编制《新余市环境保护与污染治理专项规划（2012—2020年）》，科学分析全市环境现状和主要问题，提出重点治理区域、重点任务、重点工程和相应保障措施。新余成为全国首家地级市"合同环境服务试点单位"，通过政府购买社会服务方式，使生态环境得到进一步优化。

近年来，吉安始终把改善人居环境当成工作重中之重来抓，将城乡环境综合整治与脱贫攻坚同推进、同部署。开展了城市"四尘三烟三气"和大气污染防治十大专项整治，切实加强城区"三禁"、绿化带降坡封尘、夜市摊点治理、扬尘防治等工作，做到"天上、地下、水里"全覆盖。2017 年，吉安摘得"第五届全国文明城市"桂冠，顺利通过国家卫生城市复审，峡江县成功获得"国家卫生县城称号"。

鹰潭启用了城市公共自行车系统，共在市区范围内设立了 30 个站点，配备了 600 辆公共自行车，今后将根据一期运行情况适时开展后期站点建设并增加车辆。市民可在 1 小时内免费使用公共自行车，使用时间在 1~6 小时按每小时 1 元收费，超过 6 小时则按天计算，每天 20 元。为进一步方便市民绿色出行，营造低碳出行环境，鹰潭编制了《鹰潭市城市绿道规划（2016—2030 年）》，其中规划城区主线绿道 9 条、城区支线绿道 4 条，可供市民骑行。

4. 各设区市生态文明综合指数空间差异分析

图 3 - 19 是基于 ArcGIS 的自然断点法绘制的，所以图中 3 个等级的空间变化并不是依据各设区市生态文明指数绝对值的变化进行划分。例如，某设区市的生态文明指数虽然在时序上看绝对值是递增的，但是如果该市生态文明指数的增长速度低于其他城市，从空间演变图上可能会展示为该市生态文明指数降低了等级。从图 3 - 19 的 4 个节点各设区市生态文明建设的空间演化情况看，赣北（九江）和赣南（赣州和吉安）的生态文明建设水平增速情况一直排在全省前列。相对而言，宜春和萍乡的生态文明建设水平增长速度有所落后。

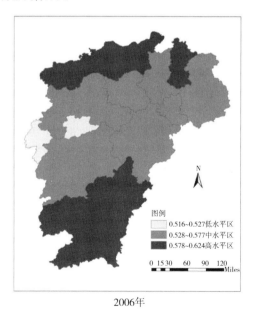

2006年

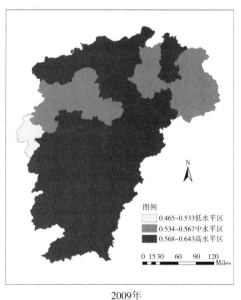

2009年

图 3 - 19　2006 年、2009 年、2012 年、2016 年江西省
11 个设区市生态文明指数空间演化

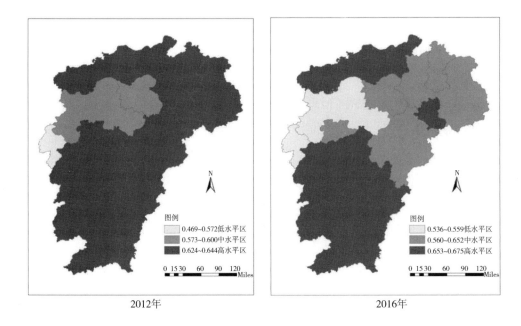

2012年   2016年

图3-19 2006年、2009年、2012年、2016年江西省
11个设区市生态文明指数空间演化（续图）

（五）江西省生态文明建设存在的问题分析

综合本章研究结果、相关部门提供的资料素材以及课题组实地调研的发现，总结江西省生态文明建设中存在的问题如下：

1. 资源开发和利用不尽合理

在国土空间开发和保护方面，有的市县由于无序开发、过度开发、分散开发，导致优质耕地和生态空间占用过多，环境资源承载能力下降，不同程度地出现了环境污染和生态破坏问题。有的地方在湿地自然保护区建设大型养殖场，造成生态环境破坏。在资源总量管理和节约方面，有的地方产业结构和能源结构不合理，资源浪费严重、利用率不高，特别是自然资源及其产品价格偏低、生产开发成本低于社会成本、保护生态得不到合理回报的问题依然存在。近年来，我国天然气、水电、核电、风电等清洁能源消费量占能源消费总量的比例不断攀升，但以煤炭为主的能源结构还没有彻底改变。

2. 生态环境保护突出问题依然较多

近年来，江西省"五河一湖一江"（赣江、抚河、信江、饶河、修河、鄱阳湖、长江江西段及东江、绿水）的水质稳步改善，但仍有少数流域的污染问题没有得到有效治理。生态环境保护和治理的投入仍然不足，长江经济带突出问题整治、鄱阳湖水污染治理任务依然艰巨，农村环境整治、农业面源污染治理、城乡饮用水源保护等工作任重道远，破坏生态环境的违法行为仍时有发生，环保督查、媒体反映的污染事件较为突出。系统治理体系不完整，需要从生态系统整体性和江西省流域特点着眼，统筹山水林田湖草等生态要素，深化"共抓大保护"攻坚行动，深入推进河湖岸线综合整治，切实加强生态环境保护。

3. 生态补偿制度不完善

江西省已开始实行流域生态补偿、用能权有偿使用和交易试点、排污权交易等市场化改革。但是生态补偿的资金均来自中央财政，资金投入不足，没有建立长效保护机制，严重制约了生态补偿工作的持续开展。而且生态补偿方式也主要以现金补偿为主，实物补偿为辅，缺乏对退耕农民生存技能的培训、缺乏多元化补偿方式和市场机制的运用。在落实生态补偿等制度时也存在不严格，不同程度地存在监管职能交叉、权责不一致、违法成本低的问题。

（六）讨论

通过比较江西省和全国其他省市生态文明建设情况可以发现，江西省生态文明建设的优势点、劣势点以及潜力点。

1. 生态保护和环境质量是江西省生态文明建设需要巩固的优势点

在2016年的生态文明建设年度评价中，江西省生态保护和环境质量指数在全国分别排第6位和第11位，在绿色发展中权数合计35.8%，是支撑江西省生态文明建设评价在全国排第15位的重要因素。进一步巩固和保持生态保护和环境质量等具有优势的领域，把山水林田湖草作为一个整体，继续强化对山林、大气、水资源环境、土地实行最严格的保护，要继续实施森林质量提升工程、农田整治工程、流域生态修复工程、生物多样性保护工程等重点生态保护修复工程，提升生态系统功能，解除生态脆弱的制约，扎实推进生态保护与建设。

2. 资源利用和环境治理是江西省生态文明建设亟须补齐的短板

江西省资源利用和环境治理指数在全国分别排第20位和第24位，在绿色发展中权数合计45.8%，是阻碍江西省生态文明建设排位晋升的关键短板，需要高度关注、深入总结和分析研究。在资源利用方面，水资源的节约集约较高，平减后的单位国内生产总值水耗依然下降，但是能源和建设用地利用效率有待提高。以重点用能单位"百千万"行动、重点用水企业水效领跑者行动、资源综合利用促进行动等为契机，激励节约资源和发展循环经济，促进生产、流通、消费过程的减量化、再利用、资源化；控制新增建设用地总量，不断提高国土单位面积产出效率。在环境治理方面，要加大对主要污染物、危险废物、生活垃圾、污水污染等治理的投入力度，继续开展城市"四尘"、"三烟"、"三气"专项整治，推进火电机组超低排放改造，实施成品油质量升级、工业锅炉煤改清洁能源行动，保持全面实施秸秆禁烧，着力做好节能、降碳及减排工作。

3. 增长质量和绿色生活是江西省生态文明建设值得挖掘的潜力点

江西省增长质量和绿色生活指数在全国分别排第 15 位和第 14 位，在绿色发展中权数合计 18.4%，是拉动江西省生态文明建设赶超进位的潜力板块，故需抓住关键因素、关键问题，进一步挖掘潜能、提升整改。在增长质量方面，虽然该板块所有指标都在稳步提升，但是与领先省份之间的差距较大。江西省还需继续深入推进供给侧结构性改革，调整产业结构、优化产业布局，进一步加大科研投入，以科技创新驱动产品升级换代和产业转型升级，鼓励支持战略性新兴产业发展，促进经济发展转型升级，从而实现经济增长的高质量。在绿色生活方面，要加大城乡公共交通等基础设施建设投入，提升城市绿色建筑比例和绿地率，大力推进绿色生活方式的转变以及生活环境的改善，要以建设生态农村为重点，加快改善农村居民生产生活条件和环境，减少农村环境污染，提高乡村生活质量和全省绿色生活水平。

四、本章小结

本章首先依据相关文献和资料构建了科技创新评价指标体系、生态文明建设评价指标体系；其次依据江西省省级层面以及 11 个设区市层面的数据分析江西省科技创新发展现状、生态文明建设现状以及存在的问题，为后面章节提供现实依据。

　　科技创新现状分析的结果显示，江西省科技创新综合水平提升速度较快，具体是科技创新产出指数增加速度快于科技创新投入指数，也就是说江西省科技创新的投入—产出效率明显提升；从地区差异看，科技创新综合能力较强的区域从赣东北和赣南转移到赣西北和赣南。南昌一直是科技创新高地；赣州、九江和宜春的科技创新水平在全省一直持续增强；景德镇、萍乡的科技创新能力则出现相对变弱的趋势；上饶、新余则经历了科技创新先变强再变弱的过程。关于江西省科技创新存在的问题主要从原创研发、资金投入、高端人才、科技型企业和科技创新宣传等方面进行了总结。

　　生态文明建设现状分析的结果显示，2006～2016 年的 11 年江西省生态文明综合指数总体处于上升趋势，尤其是 2012 年之后，生态文明建设水平得到质的提升，主要原因是环境治理和绿色生活的得分增长显著。从地区差异看，赣北（九江）和赣南（赣州和吉安）的生态文明建设水平增速情况一直排在全省前列。相对而言，宜春和萍乡的生态文明建设水平增长速度有所落后。关于江西省生态文明建设存在的问题，主要提炼了资源开发和利用不尽合理、生态环境保护突出问题依然较多、生态补偿制度不完善等几个较为突出的问题。通过比较江西省和全国其他省市生态文明建设情况，我们提出了江西省生态文明建设的优势点、劣势点以及潜力点如下：生态保护和环境质量是我省生态文明建设需要巩固的优势点；资源利用和环境治理是我省生态文明建设亟须补齐的短板；增长质量和绿色生活是我省生态文明建设值得挖掘的潜力点。

本章附表

A3 - 1　2006～2016 年江西省 11 个设区市的生态文明指数比较

年份	设区市	综合指数	综合排名	子指标得分					
				资源利用	环境治理	环境质量	生态保护	增长质量	绿色生活
2006	南昌市	0.545	8	0.161	0.110	0.154	0.038	0.028	0.053

续表

年份	设区市	综合指数	综合排名	子指标得分					
				资源利用	环境治理	环境质量	生态保护	增长质量	绿色生活
2006	景德镇市	0.605	3	0.195	0.092	0.186	0.067	0.037	0.028
	萍乡市	0.516	11	0.219	0.113	0.069	0.054	0.028	0.032
	九江市	0.624	1	0.169	0.120	0.181	0.100	0.017	0.036
	新余市	0.527	10	0.181	0.047	0.187	0.048	0.030	0.035
	鹰潭市	0.558	6	0.188	0.101	0.186	0.048	0.026	0.010
	赣州市	0.619	2	0.194	0.073	0.180	0.127	0.011	0.034
	吉安市	0.554	7	0.182	0.061	0.186	0.087	0.026	0.013
	抚州市	0.577	4	0.197	0.075	0.182	0.088	0.015	0.020
	宜春市	0.567	5	0.176	0.096	0.184	0.065	0.015	0.032
	上饶市	0.544	9	0.116	0.094	0.186	0.100	0.018	0.031
2007	南昌市	0.555	8	0.154	0.115	0.151	0.038	0.041	0.056
	景德镇市	0.622	1	0.195	0.099	0.184	0.067	0.042	0.036
	萍乡市	0.469	11	0.217	0.109	0.039	0.054	0.028	0.022
	九江市	0.622	2	0.167	0.120	0.178	0.100	0.019	0.039
	新余市	0.529	10	0.176	0.049	0.188	0.048	0.033	0.035
	鹰潭市	0.580	4	0.191	0.105	0.185	0.048	0.023	0.028
	赣州市	0.622	3	0.187	0.082	0.179	0.126	0.012	0.036
	吉安市	0.571	5	0.171	0.094	0.186	0.087	0.027	0.006
	抚州市	0.561	6	0.189	0.077	0.181	0.088	0.017	0.010
	宜春市	0.557	7	0.166	0.096	0.183	0.065	0.015	0.032
	上饶市	0.536	9	0.119	0.098	0.184	0.085	0.019	0.031
2008	南昌市	0.568	9	0.158	0.118	0.150	0.038	0.043	0.060
	景德镇市	0.607	4	0.186	0.101	0.185	0.067	0.029	0.039
	萍乡市	0.459	11	0.219	0.117	0.000	0.058	0.033	0.032
	九江市	0.634	1	0.171	0.124	0.179	0.100	0.020	0.040
	新余市	0.612	3	0.193	0.102	0.190	0.048	0.043	0.036
	鹰潭市	0.587	6	0.201	0.102	0.182	0.048	0.024	0.030
	赣州市	0.623	2	0.185	0.084	0.180	0.126	0.011	0.036
	吉安市	0.607	5	0.185	0.094	0.187	0.087	0.027	0.027
	抚州市	0.586	7	0.189	0.095	0.178	0.088	0.016	0.019
	宜春市	0.576	8	0.174	0.105	0.185	0.065	0.015	0.032
	上饶市	0.549	10	0.119	0.103	0.180	0.096	0.020	0.032

续表

年份	设区市	综合指数	综合排名	子指标得分					
				资源利用	环境治理	环境质量	生态保护	增长质量	绿色生活
2009	南昌市	0.593	8	0.156	0.122	0.173	0.038	0.040	0.064
	景德镇市	0.630	3	0.198	0.111	0.186	0.067	0.028	0.041
	萍乡市	0.465	11	0.211	0.117	0.014	0.058	0.031	0.033
	九江市	0.636	2	0.174	0.122	0.179	0.100	0.019	0.041
	新余市	0.612	6	0.185	0.108	0.190	0.048	0.044	0.038
	鹰潭市	0.610	7	0.211	0.113	0.185	0.048	0.023	0.030
	赣州市	0.643	1	0.179	0.110	0.181	0.126	0.010	0.037
	吉安市	0.627	4	0.179	0.118	0.186	0.089	0.026	0.029
	抚州市	0.620	5	0.208	0.099	0.176	0.088	0.013	0.036
	宜春市	0.567	9	0.160	0.112	0.185	0.066	0.012	0.033
	上饶市	0.534	10	0.067	0.126	0.179	0.107	0.021	0.033
2010	南昌市	0.575	10	0.156	0.120	0.151	0.045	0.040	0.063
	景德镇市	0.641	3	0.202	0.120	0.186	0.069	0.027	0.037
	萍乡市	0.473	11	0.214	0.120	0.014	0.062	0.029	0.034
	九江市	0.643	2	0.167	0.123	0.180	0.110	0.018	0.044
	新余市	0.616	8	0.190	0.109	0.186	0.048	0.044	0.039
	鹰潭市	0.618	7	0.218	0.116	0.185	0.050	0.023	0.026
	赣州市	0.667	1	0.183	0.121	0.181	0.133	0.009	0.040
	吉安市	0.628	5	0.184	0.118	0.186	0.089	0.023	0.027
	抚州市	0.636	4	0.193	0.124	0.176	0.092	0.014	0.036
	宜春市	0.576	9	0.172	0.115	0.185	0.070	0.010	0.024
	上饶市	0.619	6	0.153	0.127	0.180	0.111	0.014	0.034
2011	南昌市	0.585	9	0.165	0.123	0.141	0.037	0.043	0.075
	景德镇市	0.635	1	0.206	0.104	0.188	0.069	0.028	0.041
	萍乡市	0.489	11	0.218	0.102	0.038	0.062	0.034	0.035
	九江市	0.626	5	0.157	0.115	0.178	0.111	0.021	0.044
	新余市	0.628	4	0.187	0.116	0.189	0.048	0.047	0.041
	鹰潭市	0.635	2	0.226	0.119	0.188	0.050	0.026	0.025
	赣州市	0.633	3	0.174	0.092	0.180	0.136	0.009	0.041
	吉安市	0.613	8	0.188	0.097	0.186	0.090	0.026	0.028
	抚州市	0.617	7	0.192	0.106	0.174	0.092	0.015	0.037
	宜春市	0.568	10	0.166	0.100	0.185	0.072	0.015	0.030
	上饶市	0.617	6	0.161	0.122	0.181	0.104	0.015	0.035

年份	设区市	综合指数	综合排名	子指标得分					
				资源利用	环境治理	环境质量	生态保护	增长质量	绿色生活
2012	南昌市	0.600	9	0.164	0.121	0.151	0.037	0.045	0.081
	景德镇市	0.636	5	0.205	0.102	0.187	0.069	0.031	0.041
	萍乡市	0.469	11	0.220	0.101	0.042	0.061	0.037	0.008
	九江市	0.632	7	0.156	0.118	0.178	0.113	0.024	0.044
	新余市	0.643	3	0.189	0.129	0.189	0.048	0.047	0.042
	鹰潭市	0.643	2	0.228	0.122	0.185	0.051	0.028	0.028
	赣州市	0.637	4	0.177	0.083	0.181	0.141	0.011	0.042
	吉安市	0.624	8	0.189	0.097	0.189	0.091	0.028	0.031
	抚州市	0.644	1	0.196	0.113	0.182	0.100	0.017	0.035
	宜春市	0.573	10	0.165	0.104	0.186	0.069	0.018	0.031
	上饶市	0.636	6	0.164	0.122	0.189	0.107	0.018	0.035
2013	南昌市	0.608	9	0.171	0.124	0.151	0.037	0.047	0.078
	景德镇市	0.643	2	0.205	0.106	0.187	0.070	0.033	0.041
	萍乡市	0.478	11	0.229	0.099	0.042	0.061	0.039	0.008
	九江市	0.633	4	0.156	0.120	0.178	0.109	0.027	0.044
	新余市	0.633	5	0.185	0.122	0.189	0.048	0.047	0.042
	鹰潭市	0.652	1	0.225	0.130	0.188	0.051	0.030	0.029
	赣州市	0.640	3	0.176	0.081	0.179	0.151	0.012	0.040
	吉安市	0.632	6	0.194	0.104	0.185	0.091	0.031	0.028
	抚州市	0.619	8	0.159	0.128	0.176	0.100	0.020	0.036
	宜春市	0.563	10	0.165	0.093	0.184	0.069	0.020	0.032
	上饶市	0.623	7	0.160	0.120	0.182	0.107	0.019	0.035
2014	南昌市	0.629	7	0.168	0.127	0.161	0.045	0.048	0.079
	景德镇市	0.637	6	0.204	0.100	0.187	0.071	0.035	0.041
	萍乡市	0.411	11	0.169	0.053	0.045	0.061	0.052	0.032
	九江市	0.640	5	0.161	0.105	0.179	0.109	0.043	0.043
	新余市	0.625	8	0.181	0.119	0.188	0.048	0.049	0.041
	鹰潭市	0.652	3	0.224	0.130	0.187	0.051	0.032	0.027
	赣州市	0.641	4	0.169	0.082	0.179	0.151	0.014	0.046
	吉安市	0.655	2	0.192	0.119	0.185	0.090	0.036	0.033
	抚州市	0.657	1	0.195	0.125	0.177	0.100	0.020	0.040
	宜春市	0.569	10	0.154	0.106	0.185	0.067	0.023	0.034
	上饶市	0.597	9	0.128	0.120	0.182	0.107	0.021	0.037

年份	设区市	综合指数	综合排名	子指标得分					
				资源利用	环境治理	环境质量	生态保护	增长质量	绿色生活
2015	南昌市	0.624	8	0.159	0.131	0.159	0.042	0.048	0.084
	景德镇市	0.626	7	0.200	0.106	0.175	0.071	0.035	0.039
	萍乡市	0.511	11	0.220	0.103	0.049	0.061	0.041	0.036
	九江市	0.639	6	0.160	0.115	0.179	0.109	0.030	0.046
	新余市	0.642	3	0.166	0.116	0.187	0.083	0.047	0.042
	鹰潭市	0.640	4	0.209	0.132	0.187	0.051	0.033	0.028
	赣州市	0.651	2	0.168	0.098	0.178	0.147	0.014	0.046
	吉安市	0.654	1	0.188	0.122	0.185	0.090	0.037	0.032
	抚州市	0.639	5	0.180	0.123	0.178	0.098	0.021	0.039
	宜春市	0.552	10	0.159	0.085	0.185	0.069	0.025	0.030
	上饶市	0.588	9	0.117	0.118	0.182	0.107	0.022	0.041
2016	南昌市	0.650	6	0.160	0.133	0.161	0.056	0.052	0.089
	景德镇市	0.647	7	0.198	0.112	0.187	0.071	0.038	0.040
	萍乡市	0.536	11	0.231	0.110	0.053	0.062	0.045	0.036
	九江市	0.665	3	0.178	0.121	0.179	0.106	0.034	0.047
	新余市	0.637	8	0.185	0.124	0.187	0.046	0.051	0.044
	鹰潭市	0.665	4	0.221	0.139	0.187	0.051	0.038	0.028
	赣州市	0.675	1	0.159	0.123	0.179	0.147	0.017	0.050
	吉安市	0.669	2	0.194	0.127	0.185	0.089	0.040	0.033
	抚州市	0.652	5	0.194	0.121	0.178	0.095	0.024	0.039
	宜春市	0.559	10	0.139	0.108	0.186	0.061	0.028	0.037
	上饶市	0.623	9	0.147	0.120	0.182	0.107	0.025	0.041

科技创新篇

第四章

科技创新与生态文明建设的关系研究

一、江西省科技创新与生态文明建设因果
关系分析:基于格兰杰检验法

(一) 格兰杰检验法介绍

格兰杰检验法是由 Granger 在 1969 年提出的,他认为因果关系是以时间序列的可预测性来定义因果关系,基本思想是如果 A 的变化引起 B 的变化,则 A 的变化应当发生在 B 的变化之前。若 A 是引起 B 变化的原因,则必须满足两个条件:第一, A 应该有助于预测 B,即在 B 关于 B 的滞后项的回归中,添加 A 的滞后项作为独立变量应当显著地增加回归的解释能力。第二, B 不应当有助于预测 A,因为若 A 有助于预测 B,而 B 又有助于预测 A,则很可能存在一个或几个其他的变量,同时影响 A 和 B。本章分别基于 2006 ~ 2016 年江西省的时序数据和 11 个设区市的面板数据,采用格兰杰因果分析方法对科技创新和生态文明建设的关系进行实证研究。

(二) 格兰杰检验法的模型设定

本书的格兰杰因果关系检验假设有关生态文明建设变量和科技创新变量

的预测的信息全部包含在这些变量的时间序列之中。检验要求估计以下的回归：

$$Eco_i = \sum_{i-1}^{q} \alpha_i Tec_{t-i} + \sum_{j-1}^{q} \beta_j Eco_{t-j} + \mu_{1t} \qquad (4-1)$$

$$Tec_i = \sum_{i-1}^{s} \lambda_i Tec_{t-i} + \sum_{j-1}^{s} \delta_j Eco_{t-j} + \mu_{2t} \qquad (4-2)$$

式中，Eco 为生态文明建设变量，Tec 为科技创新变量，q 为科技创新变量的滞后阶数，s 为生态文明建设变量的滞后阶数，α_i 表示科技创新对生态文明的影响系数，β_j 表示生态文明变量自身的滞后项对生态文明的影响系数，λ_i 是科技创新变量自身的滞后项对科技创新的影响系数，δ_j 为生态文明对科技创新的影响因素。μ_1 和 μ_2 为模型的随机误差项，假定两者不相关。

式（4-1）假定当前 Eco 与 Eco 自身以及 Tec 的滞后项有关，而式（4-2）假定当前 Tec 与 Tec 自身以及 Eco 的滞后项有关。对式（4-1）而言，格兰杰因果检验的零假设 H_0：$\alpha_1 = \alpha_2 = \cdots = \alpha_q = 0$；对式（4-2）而言，其零假设 H_0：$\delta_1 = \delta_2 = \cdots = \delta_s = 0$。

所以结果可以分成四种情形讨论：

情形一：Tec 是引起 Eco 变化的原因，即存在由 Tec 到 Eco 的单向因果关系。若式（4-1）中滞后的 Tec 的系数估计值在统计上整体的显著不为零，同时式（4-2）中滞后的 Eco 的系数估计值在统计上整体的显著为零，则称 Tec 是引起 Eco 变化的原因。

情形二：Eco 是引起 Tec 变化的原因，即存在由 Eco 到 Tec 的单向因果关系。若式（4-2）中滞后的 Eco 的系数估计值在统计上整体的显著不为零，同时式（4-1）中滞后的 Tec 的系数估计值在统计上整体的显著为零，则称 Eco 是引起 Tec 变化的原因。

情形三：Tec 和 Eco 互为因果关系，即存在由 Tec 到 Eco 的单向因果关系，同时也存在由 Eco 到 Tec 的单向因果关系。若式（4-1）中滞后的 Tec 的系数估计值在统计上整体的显著不为零，同时式（4-2）中滞后的 Eco 的系数估计值在统计上整体的显著不为零，则称 Tec 和 Eco 间存在反馈关系，或者双向因果关系。

情形四：Tec 和 Eco 是独立的，或 Tec 与 Eco 间不存在因果关系。若式（4-1）中滞后的 Tec 的系数估计值在统计上整体的显著为零，同时式（4-2）中滞后的 Eco 的系数估计值在统计上整体的显著为零，则称 Tec 和 Eco 间不存在因果关系。

（三）因果关系检验结果分析

表 4-1 展示了 2006~2016 年江西省科技创新与生态文明综合指数的格兰杰因果检验结果，如表所示，科技创新是生态文明建设的格兰杰原因，不仅当期科技创新是生态文明建设的格兰杰原因，而且滞后 1 期的科技创新与滞后 2 期的科技创新也是生态文明建设的格兰杰原因。然而生态文明建设并不是科技创新的格兰杰原因，且滞后期的生态文明建设也不是科技创新的格兰杰原因，但是滞后 1 期的科技创新则是当前科技创新的格兰杰原因。换言之，科技创新是支撑生态文明建设的原因和动力。所以要充分发挥科技创新对生态文明建设的支撑和引领作用。党的十八大把生态文明建设纳入中国特色社会主义事业"五位一体"的总体布局，提出了建设美丽中国的全新理念，描绘了生态文明建设的美好前景，同时也提出用创新来驱动发展。一方面，推进生态文明建设，归根结底要依靠科技创新的驱动和引领；另一方面，推动科学技术发展，必须将生态文明作为重要价值理念和精神内核。

表 4-1　生态文明与科技创新格兰杰因果检验结果

滞后阶数	零假设	格兰杰系数	Chi 或 Z 值	P 值	判断结果
0	1）Tec 不是 Eco 的格兰杰原因	—	5.021	0.081	拒绝
	2）Eco 不是 Tec 的格兰杰原因	—	0.130	0.937	接受
1	3）滞后 1 期的 Tec 不是 Eco 的格兰杰原因	0.054 *	1.65	0.099	拒绝
	4）滞后 1 期的 Eco 不是 Eco 的格兰杰原因	0.013	0.04	0.969	接受
	5）滞后 1 期的 Eco 不是 Tec 的格兰杰原因	-0.237	-0.06	0.951	接受
	6）滞后 1 期的 Tec 不是 Tec 的格兰杰原因	1.415 ***	3.75	0.000	拒绝
2	7）滞后 2 期的 Tec 不是 Eco 的格兰杰原因	0.106 **	1.96	0.050	拒绝
	8）滞后 2 期的 Eco 不是 Eco 的格兰杰原因	-0.008	-0.03	0.979	接受
	9）滞后 2 期的 Eco 不是 Tec 的格兰杰原因	-1.266	-0.34	0.731	接受
	10）滞后 2 期的 Tec 不是 Tec 的格兰杰原因	0.088	0.14	0.887	接受

注：*、** 和 *** 分别表示在 10%、5% 和 1% 水平上显著。

二、不同创新主体对江西生态文明建设的关联度分析：基于灰色关联分析法

（一）灰色关联分析方法介绍

灰色系统理论提出了对各子系统进行灰色关联度分析的概念，意图通过一定的方法，去寻求系统中各子系统（或因素）之间的数值关系。因此，灰色关联度分析对于一个系统发展变化态势提供了量化的度量，非常适合动态历程分析。对于两个系统之间的因素，其随时间或不同对象而变化的关联性大小的量度，称为关联度。在系统发展过程中，若两个因素变化的趋势具有一致性，即同步变化程度较高，即可谓二者关联程度较高；反之，则较低。因此，灰色关联分析方法是根据因素之间发展趋势的相似或相异程度，作为衡量因素间关联程度的一种方法，亦即灰色关联度。

本书中的 R&D 经费支出、科技活动人数与生态文明的相关关联度计算如下：

步骤一：设定参考序列和比较序列。

参考序列为 $X_0(k) = \{X_0(1), X_0(2), \cdots, X_0(n)\}$，$X_0$ 为生态文明指数，n 为序列的长度指标，即年份；比较序列为 $X_i(k) = \{X_i(1), X_i(2), \cdots, X_i(n)\}$，$i = 1, 2, \cdots, m$，$m$ 为比较序列个数；$k = 1, 2, \cdots, n$，n 为年份长度。

步骤二：对参考数列和比较数列进行无量纲化处理。

由于系统中各因素的物理意义不同，导致数据的量纲也不一定相同，不便于比较，或在比较时难以得到正确的结论。因此在进行灰色关联度分析时，一般都要进行无量纲化的数据处理。本文选取的是初值化法对序列进行无量纲化处理，公式如下：

$$X_i^{'}(k) = X_i(k)/X_i(1) \qquad (4-3)$$

式中，$X_i^{'}(k)$ 表示 $X_i(k)$ 无量纲化处理后的数值；$i = 1, 2, \cdots, m$，

m 为比较序列个数；$k = 1$，2，$\cdots$，n，n 为年份长度。

步骤三：参考数列与比较数列的灰色关联系数。

所谓关联程度，实质上是曲线间几何形状的差别程度。因此曲线间的差值大小可作为关联程度的衡量尺度。在本书中，对于一个参考数列 $X_0(k)$ 有若干个比较数列 $X_1(k)$，$X_2(k)$，$\cdots$，$X_m(k)$，各比较数列 $X_i(k)$ 与参考数列 $X_0(k)$ 在各个时刻（即曲线中的各点）的关联系数可由下列公式算出：

$$\xi_i(k) = \frac{\min\limits_i \min\limits_k |X_0(k) - X_i(k)| + \rho \times \max\limits_i \max\limits_k |X_0(k) - X_i(k)|}{|X_0(k) - X_i(k)| + \rho \times \max\limits_i \max\limits_k |X_0(k) - X_i(k)|} \quad (4-4)$$

式中，$\xi_i(k)$ 表示关联系数，ρ 为分辨系数，一般在（0，1）之间取值，若 ρ 取值越小，关联系数间差异越大，区分能力越强，通常 ρ 取 0.5。

步骤四：计算关联度。

因为关联系数是比较数列与参考数列在各个时刻（即曲线中的各点）的关联程度值，所以它的数不止一个，而信息过于分散不便于进行整体性比较。因此有必要将各个时刻（即曲线中的各点）的关联系数集中为一个值，即求其平均值，作为比较数列与参考数列间关联程度的数量表示，关联度公式如下：

$$\gamma_i = \frac{1}{m} \sum_{k=1}^{n} \xi_i(k) \quad (4-5)$$

式中，γ_i 表示关联度，$\xi_i(k)$ 表示关联系数，m 为比较序列个数，n 为年份长度。

（二）关联度结果分析

1. 科技创新与生态文明总体关联度分析

总体而言，科技创新与生态文明建设的相对关联度为 0.751，R&D 经费支出、R&D 人员投入和专利授权数量与生态文明建设的关联度分别为 0.671、0.600 和 0.749（见表 4-2）。说明科技创新与生态文明建设之间确实存在较强的相关关系，其中，相关度最强的是专利发明情况，其次是 R&D 人员投入和 R&D 经费支出。也就是说，虽然科技创新研发活动的投入情况对生态文明建设具有重要作用，但是科技创新研发活动的成果和产出对生态文明建设的促进作用更为显著。

表4-2 江西科技创新与生态文明建设关联度分析

指标		综合指数	资源利用	环境治理	环境质量	生态保护	增长质量	绿色生活
科技创新	综合得分	0.751	0.722	0.771	0.723	0.728	0.726	0.767
	R&D 经费支出	0.671	0.599	0.606	0.611	0.616	0.556	0.673
	R&D 人员投入	0.600	0.591	0.636	0.604	0.583	0.595	0.652
	专利授权数量	0.749	0.738	0.763	0.737	0.740	0.739	0.764

对生态文明6个子指标而言，科技创新对生态文明建设中的环境治理和绿色生活存在较强的相关关系，关联度高达 0.770 左右，而科技创新与资源利用、环境质量、生态保护和增长质量等方面的关联度也很大，平均值超过 0.720。相比科技创新研发活动的投入，科技创新研发活动的成果和产出，即专利授权数量与生态文明建设6个子指标的关联度更大，平均关联度为 0.747。但是研发活动中的资金投入和人员投入与6个生态文明子指标的关联度存在差异。具体来说，资源利用、环境治理和生态保护与 R&D 经费支出的关联度高于与 R&D 人员投入的关联度，而环境质量、增长质量和绿色生活则相反。说明相比而言，在资源利用、环境治理和生态保护等领域的研发需要投入更多的资金，而在环境质量、增长质量和绿色生活则需要投入更多的人力资源。

2. 不同主体的科技创新与生态文明关联度分析

就 R&D 经费投入对象而言，企业、科研机构和高等院校经费支出与生态文明建设的关联度分别为 0.584、0.625 和 0.619（见图 4-1），这说明科研机构和高等院校 R&D 经费支出对生态文明建设的影响比企业更大。就 R&D 人员投入的对象而言，企业、科研机构和高等院校的 R&D 人员投入与生态文明建设的关联度分别为 0.624、0.623 和 0.608（见图 4-2），这说明企业和科研机构的 R&D 人员投入对生态文明建设的促进作用比高等院校更强。就专利发明的对象而言，工矿企业的专利发明与生态文明建设的关联度最高，达到 0.774，其次是个人的专利发明（0.762）（见图 4-3）。这说明工矿企业和个人是专利发明的主要贡献者，在生态文明建设中承担着重要角色。

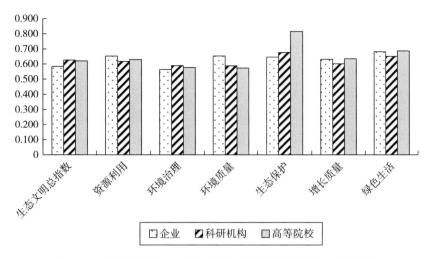

图 4 – 1 江西省不同主体的 R&D 经费支出与生态文明关联度

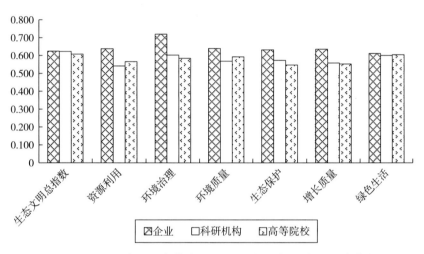

图 4 – 2 江西省不同主体的 R&D 人员投入与生态文明关联度

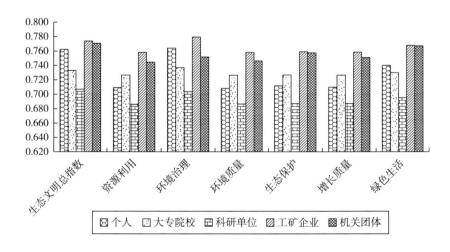

图 4 – 3 江西省不同主体的专利授权数与生态文明关联度

三、科技创新对生态文明建设的溢出
效应分析：基于空间计量模型

（一）问题的提出

我国科技创新对经济增长的溢出效应研究已经受到了广泛的重视，并已有相当系统的研究成果，但对于科技创新对生态文明建设的溢出特别是空间溢出的研究相当薄弱，缺乏对科技创新溢出进行更加全面、综合、动态的评价，特别是关于区域创新溢出对不同城市的差异化影响研究有待深入，研究科技创新溢出对区域生态文明建设的具体影响，可以对江西省生态文明建设，对打造国家生态文明试验区的"江西样板"提供一定的理论指导。基于此，本节在构建相关理论模型的基础上，实证研究了江西省各地级市科技创新对生态文明建设的具体影响。

（二）文献回顾与理论假说

对于科技创新溢出效应的研究，大多集中在研究科技创新对区域经济发展的溢出效应以及政府科技投入的溢出效应，而对于科技投入对生态文明建设的溢出效应研究较少。钟祖昌（2013）用科研经费支出扣除劳务费后的数额表示科研投入数量，认为我国省域的科技投入具有明显的外溢效应，同时测算出1991~2010年科技投入对我国经济增长的贡献率达到16.7%，而且我国东中西部科技投入的溢出效应存在差异性，东部的溢出效应最高，西部最低。王家庭（2012）研究表明，科技创新对经济增长的溢出效应不仅存在东西部差异性，还存在省际差异性，原因是户籍制度和人才流动壁垒以及西部地区创新低集聚区。喻开志和吕笑月（2016）分析了2003~2013年四川省21个市的面板数据，发现在四川各市的科技创新水平对本地的GDP有正向作用，对其他地区GDP的促进作用并不明显。安冉（2014）运用VAR模型研究四川省的科技创新对西南地区的溢出效应，认为我国的科技创新在短期内对经济增长存在溢出效应，并且科技创新的溢出效应在我国省域间发展存在不平衡性。

在研究方法上，大部分学者在研究技术创新的溢出效应时会选择生产函数的方法、面板数据模型、时间序列模型、空间计量模型。许瑞泉（2016）运用生产函数和空间自相关模型对甘肃省 R&D 投入的溢出效应进行分析，认为 R&D 经费投入对经济贡献的溢出效应较为固定，而且在其他地区 R&D 经费的投入中甘肃 R&D 活动呈现消极影响。赵立雨（2010）通过构建生产函数模型研究了我国的知识溢出效应，认为政府 R&D 投入和科学家数量对专利产出有显著的正效应。陈玉娟（2013）运用同样的方法指出知识溢出对区域科技创新的改进和竞争力的增长存在一定的促进作用。曹泽（2010）采用面板数据模型的方法对我国 1995 ~ 2007 年相关区域的数据进行计量经济分析，得出不同类型的 R&D 投入方式对 TFP 的增长和经济溢出效应都具有促进作用。何雄浪和张泽义（2014）运用面板数据中的 SUR 模型分析进口贸易技术对经济增长的影响，研究发现技术溢出效应在我国中、东、西部各不相同，研发投入对东部的技术溢出效应起积极作用，而中西部通过对外开放从技术溢出获得较快的经济增长。王家庭（2012）基于我国 30 个省区市的面板数据分析科技创新对经济发展的溢出效应，认为江西省的科技投入对本省经济增长的贡献率要高于邻省科技溢出对本省经济增长的贡献。也有学者采用空间计量方法。樊玲（2016）采取空间误差模型、空间滞后模型和空间杜宾模型研究了政府研发投入的溢出效应，认为研发投入对地区经济发展的溢出效应最大。范斐和张建清（2016）引入空间 Durbin 模型分析我国 31 个省区市 2000 ~ 2013 年科技资源配置的空间溢出效应，结果表明中国省级区域的科技资源配置效率存在空间溢出效应，财政科技支出、技术市场成交额具有显著的正效应。蔡虹（2008）根据 R&D 投资经济效果的计量模型对我国八大区域的技术外溢做出测量，认为东部地区是主要的技术溢出方，西部地区主要是接受外溢技术为主。而本书的焦点是分析科技创新对生态文明建设是否也存在空间溢出效应。因此，我们提出理论假设一：

科技创新是促进江西省各地级市生态文明建设的重要推动力。

另外，环境保护与治理意识已经得到明显增加，经济发展不再是唯一的诉求，对清新空气、干净饮水等的需求在不断提升，且财政投入的力度也在不断加大，因此我们提出理论假设二：

环境治理意识的增强，有助于各地级市生态文明的建设，而这种作用存在着空间溢出效应。

（三）模型设定

1. 基准模型的设定

$$ecology_{i,t} = \beta_0 + \beta_1 lnte_{i,t} + \sum_j \beta_j Z_{i,t} + \varepsilon_{i,t} \qquad (4-6)$$

式中，i 为地级市，t 为时间，$Z_{i,t}$ 为控制变量，$\varepsilon_{i,t}$ 为随机扰动项。

一个地区的生态文明建设受到社会、经济、政治等多方面的影响，无法列出所有可能的控制变量，但是这些遗漏的变量很可能与生态文明建设之间存在着较高的相关性，即存在着 $cov(x_i, \varepsilon_i) \neq 0$；另外，一个地区的生态文明建设对其当地的科技进步、经济增长等方面均存在着一定程度的影响，即被解释变量与解释变量之间可能存在着双向因果关系。因此，内生性的问题不可避免。对此，本书同时构建了一个动态面板模型，使用系统 GMM 方法估计以克服内生性问题。

$$ecology_{i,t} = \beta_0 + \beta_1 ecology_{i,t-1} + \beta_2 lnte_{i,t} + \sum_j \beta_j Z_{i,t} + \varepsilon_{i,t} \qquad (4-7)$$

在式（4-7）中，加入被解释变量的滞后项 $ecology_{i,t-1}$，其他变量与式（4-6）一致。

2. 空间自相关检验

在分析是否适用空间计量模型之前，需要先考察生态文明建设数据的空间依赖性，即空间自相关检验。同时需要将不同地级市的社会网络关系数字化为空间权重矩阵，作为模型中衡量城市空间关系的重要系数。度量空间自相关的方法主要有莫兰指数 I（Moran's I）、吉尔里指数 C（Geary's C）和 $Getis-Ord$ 指数 G 等。其中最常用的是 $Moran's\ I$，可分为考察整个区域空间集聚情况的全局莫兰指数 I（Global Moran's I）和考察某区域附近空间集聚情况的局部莫兰指数 I（Local Moran's I）。全局 $Moran's\ I$ 的基本公式为：

$$I = \frac{\sum\limits_{i=1}^{n} \sum\limits_{j=1}^{n} w_{ij}(x_i - \bar{x})(x_j - \bar{x})}{S^2 \sum\limits_{i=1}^{n} \sum\limits_{j=1}^{n} w_{ij}} \qquad (4-8)$$

式中，$S^2 = \dfrac{1}{n} \sum\limits_{i=1}^{n} (x_i - \bar{x})^2$ 为样本方差，w_{ij} 为空间权重矩阵元素，反映各不同城市之间生态文明建设水平被影响的程度。$Moran's\ I$ 的显著性主要依据如下标准化统计值（Z）来判断：

$$Z = \frac{I - E(I)}{\sqrt{Var(I)}} \tag{4 - 9}$$

原假设为数据间不存在空间自相关情况，Z 服从正态分布，给定某个临界值 k，如果 $Z > k$，则拒绝原假设，说明数据存在空间自相关性，反之则不存在。

局部 Moran's I 的基本公式为：

$$I_i = \frac{(x_i - \bar{x})}{S^2} \sum_{j=1}^{n} w_{ij}(x_j - \bar{x}) \tag{4 - 10}$$

式中，I_i 表示城市 i 的局部 Moran's I，其余符号含义与全局 Moran's I 相似。Moran's I 的取值一般介于 -1 到 1 之间，大于 0 表示正相关，即高值与高值相邻，低值与低值相邻；小于 0 表示负相关，即高值与低值相邻。

3. 空间计量模型设定

在空间计量经济学理论中，空间的关联性主要体现在计量模型因变量和误差项的滞后项，模型的类型包括空间自回归模型（Spatial Autoregressive Model，SAR）①、空间误差模型（Spatial Error Model，SEM）、空间自相关模型（Spatial Autocorrelation Model，SAC）、空间杜宾模型（Spatial Durbin Model，SDM）等。本书使用空间杜宾模型，原因有二：一是 SAR、SEM、SAC 在一定程度是 SDM 的退化模型；二是不仅需要检验被解释变量生态文明建设之间存在空间溢出效应，还需要检验地方在科技创新之间是否也存在空间溢出效应。具体模型形式如下：

$$ecology_{i,t} = \beta_0 + \beta_1 ecology_{i,t-1} + \rho \sum_{j=1}^{n} w_{ij} ecology_{j,t} + w_{ij}\beta_2 lnte_{i,t} + w_{ij}\beta_3 Z_{i,t} + \mu_{i,t}$$

$$\tag{4 - 11}$$

式中，$ecology_{i,t}$ 表示城市 i 第 t 年的生态文明综合指数；w 是因变量的空间权重矩阵，w_{ij} 代表城市 i 和城市 j 的空间权重矩阵元素；$\sum_{j=1}^{n} w_{ij} ecology_{j,t}$ 为空间滞后因变量，是除城市 i 之外其他城市生态文明指数的加权总值；$lnte_{i,t}$ 表示城市 i 第 t 年的科技创新水平，是影响城市 i 生态文明综合指数的核心解释变量；Z_i 代表其他控制变量，如经济发展水平、产业结构、对外开放水平和环境规制等变量；ρ 表示因变量的空间自回归系数；β_1、β_2、β_3 为各解释变

---

① 也称空间滞后模型（Spatial Lag Model，SLM）或混合回归模型（Mixed Regressive Model，MRM）。

量的估计系数；β_0 为常数项、μ_i 为随机误差项。

4. 空间权重矩阵构建

构建空间权重矩阵是进行空间计量分析的前提基础，本书选择了邻近空间权重和经济距离权重两种空间权重矩阵。其中，邻近空间矩阵采用引申的 Rook 邻近计算方法，即矩阵的元素在城市边界相接时取值为 1，否则取值为 0。在邻近空间矩阵中，假设只要不同城市在地理上相邻则权重矩阵的元素均为 1，也就是说对于所有相邻城市之间的相互关系都简单地视为相同。

（四）变量选取与说明

结合前人对生态文明影响因素的相关研究，综合考虑数据的可获得性，本书从经济发展水平、产业结构、城市化、对外开发水平和环境规制等方面选取了影响江西省设区市层面的因素，其中科技创新是本研究关注的核心解释变量，其他变量为控制变量。表 4-3 展示了各变量的定义说明及描述性统计。

1. 科技创新水平（lnte）

正如前文所分析的，科技创新水平的提升有利于促进一个地区的生态文明建设。使用地区专利的申请数量对数作为科技创新水平的衡量指标。

2. 经济发展水平（lnpergdp）

经济发展水平与生态文明建设之间可能存在着库兹涅茨的倒 U 形关系，即在经济发展初期，会引发生态环境的恶化；当经济发展到一定程度后，人们对环境的意识与需求提高，生态环境会得到改善。使用地区人均 GDP 对数作为衡量经济发展水平的指标。

3. 产业结构（indgdp）

地区产业结构与生态环境存在着密切关系，一般而言，第二产业比重越高，污染物的排放数量会随之增加，生态越可能随之恶化（王敏和黄滢，2015）。使用第二产业在 GDP 的比重作为衡量产业结构的指标。

4. 对外开放程度

对外开放水平的提高有利于吸引更多的外资、促进进出口贸易，进而影响一个地区的生态环境。使用 FDI 与 GDP 的比值衡量一个地区的对外开放程度。

5. 环境治理意识

国内外文献证明，政府对环境治理的意识提升，生态环境将得到明显改善。使用地方政府用于环境治理的财政支出的比例来刻画环境治理意识的变化情况。

6. 政策环境

政策环境是生态文明建设的后盾保障，选择人均技术市场成交额表征科技成果转化政策环境变量。一般而言，技术市场成交额的提升，有利于科技成果的转化以及科技的进步，也就意味着科技服务于生态文明建设能力得到增加。

本部分所使用的数据主要来自 2006~2016 年《江西省统计年鉴》《江西省社会经济发展公报》以及 11 个设区市的统计年鉴和统计资料。所有涉及资金、货币的指标均已转化为 2006 年的可比价。表 4-3 展示了各变量的定义说明及描述性统计。

表 4-3 变量的定义说明及描述性统计

变量名称	变量代码	变量定义	样本数量	均值	标准差
被解释变量					
生态文明建设水平	*ecology*	生态文明综合指数	121	0.601	0.052
解释变量					
科技创新水平	*lnte*	专利申请数量对数	121	6.591	1.170
经济发展水平	*lnpergdp*	人均 GDP 对数	121	9.533	0.462
产业结构	*indgdp*	工业生产总值/GDP	121	54.204	10.890
对外开放水平	*fdigdp*	FDI/GDP	121	3.591	1.626
政策环境	*lnpertemark*	人均技术市场成交额对数	121	3.288	0.957
环境治理意识	*lneninvest*	环境治理的财政投入对数	121	9.401	1.042

（五）模型结果分析

1. 空间相关性检验

本书使用面板数据计算整体的空间相关性。$Moran's\ I$ 与 $Geary's$ 总体数值分别为 0.149 与 0.635，在 5% 水平下显著。其中，生态文明建设水平（*ecology*）与科技创新水平（*lnte*）的 $Moran's\ I$ 散点图如图 4-4 和图 4-5 所示。

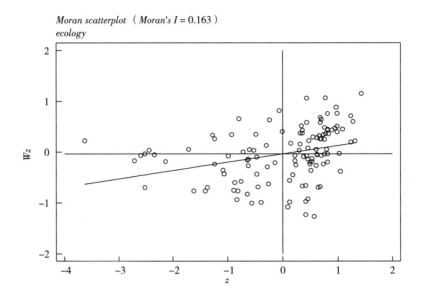

图 4 - 4 生态文明建设水平（ecology）的 Moran's I 散点图

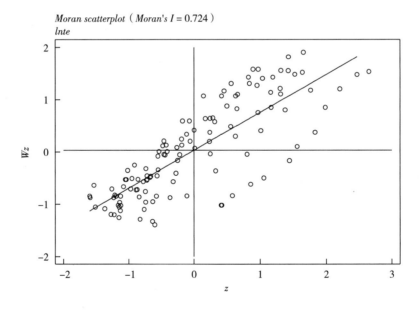

图 4 - 5 科技创新水平（lnte）的 Moran's I 散点图

2. 基准回归结果

表 4 - 4 是使用静态面板的回归结果，Hausman 检验显示需要使用固定效应。首先，观察核心解释变量 lnte。lnte 的回归系数显著为正说明了科技创新确实是江西省各地市生态文明建设的重要推动力量。从各个回归模型来看，科技创新对生态文明建设的引领弹性在 0.5% ~ 2%，意味着科技创新进步

1%，能引发生态文明按照0.5% ~2%的速度改变。在控制了经济发展水平、环境治理意识、产业结构、对外开放程度等变量后，其结果仍然是显著的。其次，控制变量的结果符合总体预期。经济发展水平的提升有利于一个地区的生态文明建设，因此可以预见，随着江西省各地市经济的发展，生态文明将得到进一步提高；环境治理意识对生态文明建设的作用尤为显著，在各回归模型中均在1%水平下显著，因此进一步提升地方政府的环境治理意识，加大环境治理的投入力度，将是生态文明建设的一个重要内容；产业结构水平与对外开放水平对各地市的生态文明建设的影响不显著。

表 4 - 4   基准回归模型一：固定效应

变量	基准回归模型					
	（1）	（2）	（3）	（4）	（5）	（6）
lnte	0.0179 ***	0.0107 ***	0.0068 **	0.0054 *	0.0057 *	0.0053 *
	（0.0021）	（0.0028）	（0.0028）	（0.0029）	（0.0030）	（0.0031）
lnpergdp		0.0850 ***	0.0429 *	0.0427 *	0.0363	0.0369
		（0.0234）	（0.0249）	（0.0247）	（0.0264）	（0.0265）
lneninvest			0.0150 ***	0.0150 ***	0.0150 ***	0.0145 ***
			（0.0041）	（0.0040）	（0.0040）	（0.0042）
lnpertemark				0.0059	0.0067	0.00685 *
				（0.0039）	（0.0040）	（0.0040）
indgdp					0.0004	0.0004
					（0.0006）	（0.0006）
fdigdp						- 0.0014
						（0.0027）
β_0	0.4830 *	- 0.2805	0.0051	- 0.0023	0.0284	0.0384
	（0.0140）	（0.2105）	（0.2135）	（0.2122）	（0.2171）	（0.2186）
R^2	0.3977	0.4633	0.5243	0.5345	0.5368	0.5380
N	121	121	121	121	121	121

注：*、**、***分别为在10%、5%、1%水平下显著，括号内数值为标准误。

表4 - 5是使用SYS - GMM估计的基准回归模型结果。在工具变量的确定上，按照"以差分变量的滞后项作为水平方程的工具变量，以水平变量的滞后项作为养分方程的工具变量"的方法。各模型的 *Wald chi*^{2} 值达到统计的要求，*AR*（2）的数值均 >0.1，且 *Hansen* 值均在0.9以上，因此 GMM 的总体回归效果较好。对比表4 - 4与表4 - 5的回归结果，核心变量与控制变

量的符号基本相近，说明两个模型的稳健性较好。

表 4 - 5　基准回归模型二：GMM 估计

变量	GMM 回归				
	（7）	（8）	（9）	（10）	（11）
$lncore1$	0.0167 ***	0.00508 **	0.00621 ***	0.00537 **	0.0108
	（0.0020）	（0.0025）	（0.0023）	（0.0024）	（0.0066）
$lnpergdp$		0.0175		0.0139	0.0085
		（0.0220）		（0.0235）	（0.0358）
$lneninvest$		0.0251 ***	0.0243 ***	0.0252 ***	0.0281 ***
		（0.0023）	（0.0021）	（0.0027）	（0.0047）
$fdigdp$				- 0.0011	0.0036
				（0.0043）	（0.0056）
$indgdp$					- 0.0006
					（0.0006）
_ cons	0.491 ***	0.160	0.328 ***	0.195	0.197
	（0.0145）	（0.208）	（0.0127）	（0.220）	（0.264）
AR （2）	0.104	0.365	0.309	0.369	0.278
$Hansen$	0.950	0.948	0.952	0.934	0.952
$Wald\ chi^2$	68.95	235.79	229.10	119.20	126.36
N	121	121	121	121	121

注：＊、＊＊、＊＊＊分别为在10%、5%、1%水平下显著，括号内数值为标准误。

3. 空间溢出效应估计

表 4 - 6 是空间溢出效应估计结果。首先，生态文明建设的滞后期对当期具有正向的影响作用，说明在生态文明建设的过程中存在着累积作用，应持续实施生态文明建设工作。其次，模型（12）显示区域间在生态文明建设之间存在着正向的影响，即一个地区的生态文明建设有利于促进邻近地区的生态文明建设。但在模型（13）～（15）中，其显著性水平不高，但作用依然是正向的。再次，核心解释变量 $lnte$ 在各类模型中都显示，科技创新对一个地区的生态文明建设具有正向的作用，进一步说明了加强科技创新引领生态文明建设的意义。又再次，环境治理意识的增加，仍然是生态文明建设的重要推手。最后，观察 $lnte$ 与 $lneninvest$ 的空间作用发现，$lnte$ 与我们的理论预期不一致，邻近地区的科技创新并不会诱导本地区生态文明的建设。但是，环境治理意识之间在空间上具有正向的传导作用，进一步强调了提升环

境治理意识的重要性，一个地区环境意识的提升，不仅促进本地区生态文明建设，同时也推动邻近地区的生态文明建设。

表4-6 空间溢出效应估计

变量	空间杜宾模型			
	（12）	（13）	（14）	（15）
$L. ecology$	0.5201 ***	0.4544 ***	0.4902 ***	0.4892 ***
	（0.0750）	（0.0728）	（0.0777）	（0.0783）
$lnte$	0.0099 **	0.0074 *	0.0089 **	0.0090 **
	（0.0040）	（0.0042）	（0.0044）	（0.0045）
$lneninvest$		0.0082 **	0.0086 **	0.0086 **
		（0.0036）	（0.0036）	（0.0037）
$fdigdp$			0.0031	0.0030
			（0.0025）	（0.0025）
$indgdp$				0.0001
				（0.0007）
$W*lnte$	-0.0094	-0.0125	-0.0147 *	-0.0147 *
	（0.0069）	（0.0075）	（0.0078）	（0.0078）
$W*lneninvest$		0.0262 **	0.0264 **	0.0263 **
		（0.0118）	（0.0117）	（0.0118）
ρ	0.360 **	0.0053	0.0137	0.0091
	（0.175）	（0.214）	（0.214）	（0.219）
N	110	110	110	110
$R-sq$	0.417	0.229	0.266	0.273

注：*、**、***分别为在10%、5%、1%水平下显著，括号内数值为标准误。

4. 稳健性检验

从表4-4~表4-6的回归结果来看，模型整体是稳健的。引进空间GMM的估计方法，进一步证明模型的稳健性，回归结果如表4-7所示。（$Buse$）$R2-adj$结果显示，模型具有较强的解释力度。在模型中，控制了发展水平与环境治理意识两个重要变量，回归的符号和显著性水平与前文并无较大的差别。

表 4 - 7 空间溢出效应 GMM 估计

变量	空间杜宾模型	
	（16）	（17）
L. ecology	0.3056 ***	0.2076 *
	(0.1087)	(0.1220)
lnte	0.0134 **	0.0173 ***
	(0.0023)	(0.0064)
lneninvest		0.0066 *
		(0.0034)
lnpergdp		− 0.0146
		(0.0740)
W * lnte	− 0.0006	− 0.0022 *
	(0.0007)	(0.0012)
W * lneninvest		0.0037 ***
		(0.0011)
W * lnpergdp		0.0061
		(0.0122)
N	110	110
LM test	10.824	1.191
（Buse） R 2 - adj	0.4658	0.9713

注：*、**、*** 分别为在 10%、5%、1% 水平下显著，括号内数值为标准误。

（六）结论与讨论

科技创新是生态文明建设的绿色引擎，生态文明是科技创新的精神内核。近年来，江西省各地市环境治理意识不断加强，将科技创新作为战略基点，围绕可持续发展的重大问题，加强科技攻关，为经济新形势下生态文明建设注入强大动力。本节实证结果进一步证明了科技创新是江西省各地市生态文明建设的重要推动力量。随着科技创新能力的不断提升，地方政府环境治理意识的不断加强，各地市的生态文明建设的步伐在不断加快。

然而，正如回归结果显示，科技创新对生态文明建设的引领作用仍然有待提高，空间的溢出效应也未达到预期的结果。为了继续加强科技创新引领生态文明建设，需要从以下几个方面入手：一是进一步完善科技创新体制促进生态文明建设，推动以政府为主导、市场为导向、产学研融合的科技创新体制改革，江西省政府应进一步协调科技厅与相关部门引导生态技术资源在行业间的合理配置、协调，进一步完善生态科技创新协调机制。二是加强生态文明与科技创新的法律体系及保障生态文明的相关法律、法规对科学技术的应用效率具有重要作用，有利于进一步提升生态文明建设与科技创新的协调发展。为此，要进一步健全符合生态文明建设需求的科技创新法律体系。三是依托科技创新转变思维方式普及生态伦理观。以生态文明观为指导的科技创新，不但可以强化人的科技意识，而且会影响人类生存价值观，进而促进生态伦理道德观的形成，树立尊重自然、顺应自然、保护自然的生态文明理念。政府也应积极倡导生态环保意识，利用大型环境公益文化科普活动向公众普及智能生活、绿色生活观念；深入开展企业管理部门对环境知识的启蒙教育，增强企业的社会责任感和荣誉感，积极响应国家循环经济、绿色生产模式的号召。

四、科技创新引领生态文明建设的现实基础

（一）科技创新投入产出协调增长

近年来，江西省深入开展全社会研发投入攻坚行动，全社会研发经费总量从 2013 年的 135.5 亿元增长到 2018 年的 307.8 亿元，占 GDP 比重从0.94% 增长到 1.4%。2018 年全省专利申请量突破 8.6 万件，2015～2018 年专利申请量的年平均增长率高达 36.65%，增幅居全国第二，区域创新能力进入全国第二方阵。

（二）科技创新成果转化应用速率加快

一方面，扎实推进产学研用一体化，建立江西省校企合作信息服务平台，将 4460 多项科研成果、349 个省部级以上重点（工程）实验室和工程（技术）研究中心等科技创新要素对接起来，促进高校资源与企业需求的快速有效匹配；开通了江西省网上常设技术市场，成功举办 18 场全省性大型科技成果在线对接会，实现技术对接 2406 次。另一方面，重视生态文明科

技创新成果在基层的应用，批复建设了 33 个生态文明科技示范基地，将一批先进适用技术在基地推广应用，着力打造一批"美丽乡村、人文社区"的科技示范样板。2017 年基地农民人均可支配收入同比增长 13.9%，带动产业增加值 2.5 亿余元，垃圾处理率和污水处理率分别提高 27% 和 28%。

（三）高新技术对传统产业的绿色提升

江西省全面推进高效、清洁、低碳、循环的绿色制造体系建设，促进产业生态化、生态产业化，以绿色科技创新为支撑，推动绿色产品、绿色工厂、绿色园区和绿色供应链全面发展。江西省共有 22 家国家级绿色工厂、4 种国家级绿色设计产品以及 5 家国家级绿色园区。江西省高新技术企业突破 2000 家，高新技术产业增加值由 2013 年的 1403.8 亿元增长到 2018 年的 2764.8 亿元，增长 97%，占规模以上工业增加值的比重由 24.4% 增长到 33.8%。推动工业园区和支柱产业重点企业围绕"绿色园区、绿色工厂和绿色产品"进行绿色化改造升级。萍乡经开区列入国家园区循环化改造试点，丰城循环经济园区列入国家绿色制造体系示范园区。

（四）生态文明建设关键技术的攻关与应用

编制发布水、土、气污染防治先进适用技术成果目录，创建了一批生态文明科技创新示范基地，推进环境信息化和大数据建设。推进大气重污染成因与治理攻关，高水平建设环境遥感实验室，开展水污染物技术研究，制定江西省农用地土壤修复目标设计与修复效果评估技术指南。稀土资源综合利用技术、废弃稀土矿山植被恢复技术等达到国际先进水平，"面向铀矿与环境的核辐射探测关键技术"荣获国家科技进步二等奖，南昌大学"硅衬底高光效 GaN 基蓝色发光二极管"项目获国家技术发明一等奖，南昌欧菲光显示技术有限公司的"图形化的柔性透明导电薄膜及其制备"获中国专利金奖；组建了 16 家研发及产业化协同创新体，培育节能环保领域省级工程研究中心 4 家。

（五）科技创新顶层设计逐步完善

一方面，重视政策文件的导向作用，江西省先后出台创新驱动发展纲要、创新驱动国家生态文明试验区（江西）建设、工业企业技术改造三年行动计划、加快特色型知识产权强省建设、鼓励科技人员创新创业、加快科技创新平台高质量发展等政策文件，充分撬动科技创新对生态文明建设的支撑和引领作用。另一方面，发挥考核机制的指挥棒作用，江西省全面开展自然资源资产负债表编制工作，落实环保"一票否决"制度，领导干部自然资源资产离任审计、党政领导干部生态环境损害责任追究制度全面施行，首次开展了全省生态文明建设目标考核。在市县综合考核中将科技创新指数的分数由 7 分增加到 17 分。有效激励各部门和省市县建立生态文明科技创新的联动机制，共同推进科技创新和生态文明耦合发展。

（六）科技创新政策落实有效提升

地方财政科技拨款从 2013 年的 46.3 亿元增加到 2018 年的 147 亿元，增幅接近 220%，占地方财政支出比重从 1.32% 提升至 2.59%。5 年来全省累计为 2452 个高新技术企业减免税 95.72 亿元，研发费用加计扣除 191.72 亿元。在国务院对 2017 年落实有关重大政策措施真抓实干成效明显地方予以督查激励的通报中，江西省有 2 项科技创新工作被评选为"实施创新驱动发展战略、推进自主创新和发展高新技术产业成效明显的省"，"改善地方科研基础条件、优化科技创新环境、促进科技成果转移转化以及落实国家科技改革与发展重大政策成效较好的省"。

（七）绿色发展理念广泛扎根

大力推广绿色交通，全省新能源汽车保有量达到 5.34 万辆，建成充电站 470 座；发展绿色建筑，城镇新开工项目绿色建筑比例达 43.7%。全省创建了 22 所全国文明校园、205 所省级文明校园，推进 15 个生态文明教育基地建设，成立了首个"鄱阳湖江豚自然学校"，启动"河小青"志愿服务行动，并开展绿色家庭创建活动；为了加强生态文明建设的舆论引导，建立环境污染问题媒体曝光、解决、处理、通报制度。

五、本章小结

本章通过格兰杰检验法、灰色关联分析法和空间计量分析论证科技创新和生态文明建设的关系。格兰杰检验的结果显示，科技创新是生态文明建设的格兰杰原因，不仅当期科技创新是生态文明建设的格兰杰原因，而且滞后1 期的科技创新与滞后 2 期的科技创新也是生态文明建设的格兰杰原因。然而生态文明建设并不是科技创新的格兰杰原因，且滞后期的生态文明建设也不是科技创新的格兰杰原因。

灰色关联分析结果显示，虽然科技创新研发活动的投入情况对生态文明建设具有重要作用，但是科技创新研发活动的成果和产出对生态文明建设的促进作用更为显著；从研发主体看，企业和科研机构的 R&D 活动对生态文明建设的促进作用比高等院校更强。

空间计量模型的实证研究结果显示，科技创新对一个地区的生态文明建设具有正向的作用；生态文明建设的滞后期对当期具有正向的影响作用，表明在生态文明建设的过程中存在着累积的作用，应持续实施生态文明建设工作。而且区域间在生态文明建设之间存在着正向的影响，存在空间溢出效应，即一个地区的生态文明建设，有利于促进邻近地区的生态文明建设。

本章还从宏观视角提炼了科技创新引领生态文明建设的现实基础，主要从政府层面、企业层面和公众层面 3 个层面总结了江西省在提升科技创新对生态文明建设引领作用上的主要举措。

第五章

科技创新引领生态文明建设评价指标体系构建

一、科技创新引领生态文明建设的作用机制分析

科技创新对生态文明建设的引领作用理论机制，本章主要从生态文明科技创新关键领域、生态文明科技创新服务能力和生态文明科技创新政策环境3个维度进行阐述。生态文明科技创新关键领域是科技创新在生态文明建设发挥作用的主要抓手和着力点，生态文明科技创新服务能力是科技创新促进生态文明建设的实现路径，而生态文明科技创新政策环境为科技创新引领生态文明建设提供了保障和支撑（见图5-1）。本章设计的生态文明科技创新关键领域主要包括资源利用、生态保护、绿色生产和绿色生活4个方面，这4个方面主要是综合借鉴前人研究生态文明建设的内涵定义所提炼，即生态文明是与生产力布局、空间格局、产业结构、生产方式、生活方式以及价值理念、制度体制紧密相关的一项全面而系统的工程。生态文明科技创新服务能力主要包括生态文明建设中科技创新活动、科技创新平台建设以及科技创新成果转化。生态文明科技创新政策环境主要是指有利于促进生态文明科技创新的宣传活动和相关政策的落实情况。

科技创新引领生态文明建设理论框架的3个维度之间的关系如下：生态文明科技创新服务能力是生态文明中4个关键领域科技创新的实现路径和手段，同时随着新经济新形势的发展，对资源利用、生态保护、绿色生产和绿

色生活提出更高的要求，会进一步反馈到生态文明科技创新服务能力，要求科技创新活动、平台建设和成果转化方向都需要紧跟生态文明建设的新需求和新变化。生态文明科技创新政策环境为科技创新在生态文明建设 4 个领域的引领作用提供政策支撑和保障，同时根据各个领域的政策需求的具体情况进行反馈，为下一轮政策制定的调整和优化提供指导依据。生态文明科技创新政策环境也为生态文明科技创新服务能力中的科技创新活动、平台建设和成果转化提供顶层设计，而生态文明科技创新服务能力再根据相关政策的落实情况对其进行落实反馈，将政策落实中存在的问题、难点以及原因分析反馈给政策制定者，为其提供决策参考。

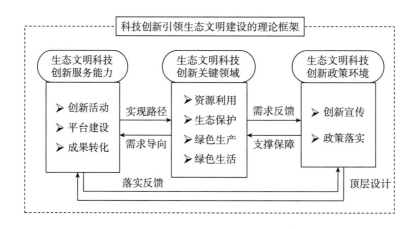

图 5 - 1　科技创新引领生态文明建设的理论框架示意图

二、评价指标构建的原则与依据

（一）评价指标构建的原则

1. 整体性原则

科技创新引领生态文明建设评价指标体系，要求各指标之间要有一定的逻辑关系，不但要从不同的侧面反映出科技创新和生态文明建设的主要特征和状态，而且还要反映科技创新和生态文明建设之间的内在联系，各指标之间相互独立又彼此联系，共同构成一个有机整体。指标体系的构建具有层次性，自上而下，从宏观到微观层层深入，形成一个不可分割的评价体系。

2. 代表性原则

科技创新引领生态文明建设评价指标体系要求所选择的评价指标具有一定的典型代表性，尽可能准确反映出科技创新、生态文明建设和相互关系的综合特征，即使在减少指标数量的情况下，也要便于数据计算和提高结果的可靠性。评价指标体系的设置、权重的分配及评价标准的划分都与科技创新引领生态文明建设相适应。

3. 可操作性原则

可操作性包括可量化、可比较两层意思。可量化原则是指所选择的指标可以量化，而且有相对明显的时序变化的指标，如森林覆盖率指标，如果在江西省 11 个设区市之间比较是有意义的，但是如果只是江西省级的时序，该指标常年基本不变，故不建议选择此类指标。另外，还要特别注意在总体范围内的一致性，指标体系的构建是为区域政策制定和科学管理服务的，指标选取的计算量度和计算方法必须一致统一，各指标尽量简单明了、微观性强、便于收集，各指标应该要具有很强的现实可操作性和可比性。

（二）指标体系构建依据

为贯彻落实党的十九大关于"加快生态文明体制改革，建设美丽中国"精神要求，政府出台了《国家生态文明试验区（江西）实施方案》、《江西省生态文明建设目标评价考核办法（试行)》、《江西省绿色发展指标体系》、《江西省生态文明建设目标体系》等文件。此外，为了发挥科技创新对国家生态文明试验区（江西）建设的支撑引领作用，江西省科技厅发布了《江西省科技厅关于创新驱动国家生态文明试验区（江西）建设的若干意见》（赣科发社字〔2017〕195 号）。文件明确要加强生态文明建设关键领域科技创新、提升生态文明科技创新服务能力、强化生态文明科技创新政策保障。上述文件是本章构建科技创新引领生态文明建设评价指标体系的依据。

三、指标体系构建

考虑到科技创新引领生态文明建设评价指标体系，既要能够反映科技创新和生态文明的动态性（横向与纵向的比较，存量与增量的比较），又能够反映含括生态环境、经济、社会、制度等方面的综合性，还能够反映科技创新的过程和结果。最终，从生态文明科技创新关键领域、生态文明科技创新服务能力、生态文明科技创新政策环境 3 个一级指标中选取了 9 个二级指标、34 个三级指标（见表 5－1）。

表 5－1　科技创新引领生态文明建设评价指标体系

一级指标	二级指标	指标序号	三级指标	指标性质
生态文明科技创新关键领域	资源利用	1	单位 GDP 能源消耗（吨/万元）	－
		2	万元工业增加值用水量（万立方米/万元）	－
		3	万元 GDP 建设用地面积（公顷/亿元）	－
		4	空间资源利用指数（城镇化率）（%）	＋
	生态保护	5	地表水Ⅰ~Ⅲ类水质断面（点位）达标率（%）	＋
		6	细颗粒物（PM2.5）全省平均浓度（微克/立方米）	－
		7	自然保护区占辖区面积比重（%）	＋
		8	生态系统服务供给（林业增加值占比）（%）	＋
	绿色生产	9	单位耕地面积化肥使用量（千克/公顷）	－
		10	一般工业固体废物综合利用率（%）	＋
		11	高新技术产业增加值占比（规上）（%）	＋
		12	第三产业增加值比重（%）	＋
	绿色生活	13	单位面积建设用地公共交通里程（万千米/公顷）	＋
		14	城市建成区绿地率（%）	＋
		15	垃圾无害化处理率（%）	＋
		16	污水处理率（%）	＋

一级指标	二级指标	指标序号	三级指标	指标性质
生态文明科技创新服务能力	创新活动	17	R&D 经费投入占 GDP 比重（%）	+
		18	每万人 R&D 人员数量（人/万人）	+
		19	每万人专利申请数量（项/万人）	+
		20	发明专利申请数量占比（%）	+
	平台建设	21	每百万人科技活动机构数量（个/百万人）	+
		22	每百万人工程（技术）研究中心（个/百万人）	+
		23	每百万人重点实验室（个/百万人）	+
		24	信息化指数（百人互联网用户数）（户/百人）	+
	成果转化	25	专利授权率（%）	+
		26	人均全年技术市场合同成交金额（元/人）	+
		27	每万人技术转让合同成交数量（项/万人）	+
生态文明科技创新政策环境	创新宣传	28	科普宣讲活动次数（万次）	+
		29	每万人拥有科协系统人员数量（人/万人）	+
		30	受众人次占总人口比重（%）	+
	政策落实	31	地方财政科技拨款占比财政支出（%）	+
		32	研究开发费用加计扣除减免税占技改支出比例（规上）（%）	+
		33	高新技术企业减免税占技改支出比例（规上）（%）	+
		34	节能环保支出占财政支出比重（%）	+

1. 生态文明科技创新的关键领域

主要集中在资源利用、生态保护、绿色生产和绿色生活 4 个方面。

（1）资源利用，主要从能源、水资源、土地资源和空间资源 4 类资源反映资源利用水平。具体选择单位 GDP 能源消耗、万元工业增加值用水量、万元 GDP 建设用地面积和空间资源利用指数作为指标，前 3 个指标越小说明对资源利用越充分、越集约，故为负指标，而空间资源利用指数越高表明在有限的范围内利用率越大，故为正指标。

（2）生态保护，从水环境、空气环境、自然资源保护和生态系统服务供给等方面表征。具体选择地表水Ⅰ～Ⅲ类水质断面（点位）达标率、自然保护区占辖区面积比重、林业增加值占一产 DGP 比重、细颗粒物（PM2.5）全省浓度平均值作为指标，前 3 个指标取值越高，表示生态保护越好，故为正指标，而细颗粒物（PM2.5）浓度为负指标。

（3）绿色生产，涉及第一、第二、第三产业的绿色发展情况。具体选择单位耕地面积化肥使用量、一般工业固体废物综合利用率、高新技术产业增加值占比（规上）、第三产业增加值比重为指标。除了单位耕地面积化肥用量为负指标，其余均为正指标，取值越高，表明绿色生产水平越高。

（4）绿色生活，公共交通、城市绿地率、生活垃圾处理率和污水处理率与人们的日常生活息息相关，因此可以体现绿色生活水平。具体选择单位面积建设用地公共交通里程、城市建成区绿地率、垃圾无害化处理率、污水处理率，这些指标均为正指标，取值越高说明绿色生活水平越高。

2. 生态文明科技创新服务能力

主要含括能够有利于促进生态文明科技创新的创新表现、平台建设和成果转化情况。

（1）创新活动，主要是从 R&D 投入和产出选择指标。具体选取了 R&D 经费投入占 GDP 比重、每万人 R&D 人员数量、每万人专利申请数量、发明专利申请数量占比等指标。这些指标均为正指标，取值越大，说明 R&D 经费和人员投入越多，创新成果越多，R&D 活动越活跃。

（2）平台建设，主要包括研发平台建设和信息化水平，是生态文明科技创新的保障体系。具体包括每百万人科技活动机构数量、每百万人工程（技术）研究中心（国家级和省级总和）、每百万人重点实验室（国家级和省级总和）以及百人互联网用户数（表征信息化指数），这些指标不仅表明国家对生态文明中科技创新的重视，也体现了科技的发展程度，均为正指标，取值越大说明对生态文明科技创新的服务支撑能力越强。

（3）成果转化，这是科技创新引领生态文明的关键，包括专利授权情况和技术合同成交和转让。具体包括专利授权率、人均全年技术市场合同成交金额、每万人技术转让合同成交数量三项指标，所有指标均为正指标，取值越大，说明科技创新成果被转化应用到生态文明建设的概率越大。

3. 生态文明科技创新政策环境

主要包括创新宣传和鼓励科技创新的相关政策的落实情况。

（1）创新宣传，通过科技创新引领生态文明建设的宣传提升大众对创新的意识和认知，营造良好的创新氛围，具体选择科普宣讲活动次数（科协与省学会总和）、每万人科协系统人员数量（科协与省学会总和）、宣讲受众人次占总人口比重表征，均为正指标。

（2）政策落实，主要是指政府出台的关于激励科技创新和生态文明建设的政策落实情况。具体选择地方财政科技拨款占比财政支出、研究开发费用加计扣除减免税占技改支出比例（规上）、高新技术企业减免税占技改支出比例（规上）、节能环保支出占财政支出比重作为表征，这些指标均为正指标，取值越大，说明政府对生态文明科技创新的支持力度越大。

四、指标权重的确定方法

（一）熵值法介绍

指标权重表示某被测对象各个考察指标在整体中价值的高低和相对重要的程度以及所占比例的大小量化值。熵来源于物理的热力学概念，用来反映系统的混乱程度，现在已经广泛的应用于社会经济研究中的权重确定。在信息论中，熵是对不确定性的一种度量，指标数据的离散程度越大，信息熵越小，不确定性就越小，指标所提供的信息量也就越大，该指标对综合评价的影响越大，故其权重也应越大；反之，各指标值差异越小，信息熵就越大，不确定性就越大，其提供的信息量则越小，该指标对评价结果的影响也越小，其权重亦应越小。所以，熵值法是指用来判断某个指标离散程度的数学方法，离散程度越大则该指标对综合评价的影响越大。用熵值法确定指标权重，既可以克服主观赋权法无法避免的随机性、臆断性问题，还可以有效地解决多指标变量间信息的重叠问题。

（二）指标权重的计算步骤

本书采用熵值法来确定科技创新引领生态文明建设评价指标的权重，具体计算步骤：

步骤一：指标的标准化处理。

科技创新引领生态文明建设评价指标共包括 7 个年份，34 个指标，则 x_{ij} 为第 i 年的第 j 个指标的数值（$i=1$，2，$\cdots$，n；$j=1$，2，$\cdots$，m），其中 $n=7$，$m=34$。由于各项指标的计量单位并不统一，在计算综合指标前要先进行标准化处理，从而解决不同指标的同质化问题，但是正负指标数值所代表的含义不同，正指标数值越大越好，负指标数值越小越好，负指标取倒数处理。本书采用初值化法对其进行标准化处理：

$$X_i'(j) = X_i(j) / X_i(1) \tag{5-1}$$

式中，$X_i'(n)$ 表示 $X_i(n)$ 无量纲化处理后的数值；$i = 1，2，\cdots，m$，m 为指标个数；$j = 1，2，\cdots，n$，n 为年份长度。

步骤二：计算第 j 项指标下第 i 年占该指标的比重。

$$p_{ij} = \frac{x_{ij}}{\sum\limits_{i=1}^{n} x_{ij}}, i = 1,2,\cdots,n; j = 1,2,\cdots,m$$

步骤三：计算第 j 项指标的熵值。

$$e_j = -k \sum_1^n p_{ij} \ln(p_{ij})$$

其中 $k = \dfrac{1}{\ln(n)}$，满足 $e_j \geq 0$；

步骤四：计算信息熵冗余度。

$$d_j = 1 - e_j$$

步骤五：计算各项指标的权重。

$$w_{ij} = \frac{d_j}{\sum\limits_1^m d_j}$$

五、本章小结

本章首先阐述了科技创新引领生态文明建设的作用机制，说明生态文明科技创新关键领域、生态文明科技创新服务能力、生态文明科技创新政策环境 3 个子系统之间的关联；其次依据指标建立原则和依据构建了科技创新引领生态文明建设的综合评价指标体系；最后对指标赋权的熵值法进行了介绍以及详细描述了计算过程，为下一章提供理论基础。

第六章

江西省科技创新引领生态文明
建设的评价分析

一、省级层面的科技创新引领生态
文明建设综合分析

（一）数据来源

科技创新引领生态文明建设评价指标体系中，省级层面的评价所用的数据主要来源于《江西省统计年鉴》和《江西省社会经济发展公报》2010～2016 年的统计资料。所有涉及资金、货币的指标均已转化为 2010 年的可比价。表6-1 展示了各指标的描述性统计分析。

表 6-1　省级层面科技创新引领生态文明建设评价指标的描述性统计分析

指标序号	指标名称	均值	最大值	最小值
1	单位 GDP 能源消耗（吨/万元）	1.22	1.37	1.09
2	万元工业增加值用水量（万立方米/万元）	404.34	419.54	376.90
3	万元 GDP 建设用地面积（公顷/亿元）	17.66	19.87	15.67
4	空间资源利用指数（城镇化率）（%）	48.73	53.10	44.06
5	地表水 Ⅰ-Ⅲ类水质断面（点位）达标率（%）	80.84	81.40	80.50
6	细颗粒物（PM2.5）全省平均浓度（微克/立方米）	63.40	77.00	45.00
7	自然保护区占辖区面积比重（%）	6.99	7.30	6.35

指标序号	指标名称	均值	最大值	最小值
8	生态系统服务供给（林业增加值占比）（%）	16.56	17.37	15.69
9	单位耕地面积化肥使用量（千克/公顷）	255.60	257.39	252.12
10	一般工业固体废物综合利用率（%）	54.75	57.70	46.54
11	高新技术产业增加值占比（规上）（%）	9.97	12.68	7.81
12	第三产业增加值比重（%）	36.20	41.00	33.00
13	单位面积建设用地公共交通里程（万千米/公顷）	0.46	0.77	0.10
14	城市建成区绿地率（%）	42.10	43.35	40.67
15	垃圾无害化处理率（%）	91.29	94.46	85.89
16	污水处理率（%）	84.92	89.69	80.83
17	R&D 经费投入占 GDP 比重（%）	1.10	1.90	0.83
18	每万人 R&D 人员数量（人/万人）	15.43	20.72	11.98
19	每万人专利申请数量（项/万人）	5.28	13.17	1.41
20	发明专利申请数量占比（%）	5.38	7.13	3.16
21	每百万人科技活动机构数量（个/百万人）	24.80	39.54	15.64
22	每百万人工程（技术）研究中心（个/百万人）	3.46	5.55	1.99
23	每百万人重点实验室（个/百万人）	2.03	3.09	1.19
24	信息化指数（百人互联网用户数）（户/百人）	12.41	19.18	6.59
25	专利授权率（%）	60.03	68.53	52.02
26	人均全年技术市场合同成交金额（元/人）	44.73	60.54	31.26
27	每万人技术转让合同成交数量（项/万人）	0.42	0.50	0.25
28	科普宣讲活动次数（万次）	1.61	1.78	1.39
29	每万人拥有科协系统人员数量（人/万人）	0.26	0.29	0.18
30	受众人次占总人口比重（%）	7.34	9.03	5.42
31	地方财政科技拨款占比财政支出（%）	1.16	1.67	0.64
32	研究开发费用加计扣除减免税占技改支出比例（规上）（%）	8.13	16.91	3.21
33	高新技术企业减免税占技改支出比例（规上）（%）	14.34	22.90	6.97
34	节能环保支出占财政支出比重（%）	2.13	2.56	1.73

（二）指标权重确定

根据熵值法的 5 个步骤，计算省级层面科技创新引领生态文明建设评价指标的权重见表 6-2，所有指标的权重之后加总为 1。

表6-2 省级层面科技创新引领生态文明建设评价指标的权重结果

序号	指标名称	权重	序号	指标名称	权重
1	单位 GDP 能源消耗	0.00333	18	每万人 R&D 人员数量	0.03467
2	万元工业增加值用水量	0.00070	19	每万人专利申请数量	0.01505
3	万元 GDP 建设用地面积	0.00286	20	发明专利申请数量占比	0.21067
4	空间资源利用指数（城镇化率）	0.00163	21	百万人科技活动机构数量	0.03187
5	地表水 Ⅰ-Ⅲ类水质断面（点位）达标率	0.00001	22	每百万人工程（技术）研究中心	0.04769
6	细颗粒物全省平均浓度	0.02115	23	每百万人重点实验室	0.05659
7	自然保护区占辖区面积比重	0.00083	24	信息化指数	0.04055
8	生态系统服务供给	0.00061	25	专利授权率	0.05059
9	单位耕地面积化肥使用量	0.00002	26	人均全年技术市场合同成交金额	0.00388
10	一般工业固体废物综合利用率	0.00184	27	每万人技术转让合同成交数量	0.01608
11	高新技术产业增加值占比	0.01078	28	科普宣讲活动次数	0.02265
12	第三产业增加值比重	0.00250	29	每万人拥有科协人员数量	0.00370
13	单位面积公共交通里程	0.14841	30	受众人次占总人口比重	0.00947
14	城市建成区绿地率	0.00023	31	科技拨款占比财政支出	0.01376
15	垃圾无害化处理率	0.00055	32	研究开发费用加计扣除减免税占技改支出比例（规上）	0.05635
16	污水处理率	0.00045	33	高新技术企业减免税占技改支出比例（规上）	0.11266
17	R&D 经费投入占 GDP 比重	0.03467	34	节能环保支出占财政支出比重	0.06843

（三）综合评价结果与分析

图6-1展示了2010～2016年江西省科技创新引领生态文明建设综合评价结果，表6-3给出了生态文明科技创新关键领域、生态文明科技创新服务能力和生态文明科技创新政策环境各子系统的得分情况。从图中可得到以下结论：

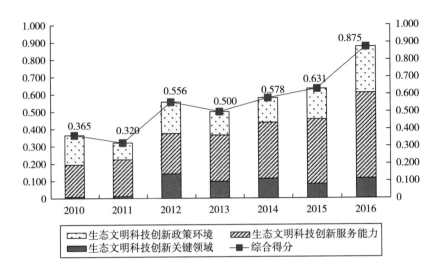

图 6 - 1　省级层面科技创新引领生态文明建设综合评价结果图

表 6 - 3　省级层面科技创新引领生态文明建设综合评价结果表

年份		2010	2011	2012	2013	2014	2015	2016
综合得分		0. 365	0. 320	0. 556	0. 500	0. 578	0. 631	0. 875
关键领域	资源利用	- 0. 004	- 0. 004	- 0. 004	- 0. 005	- 0. 005	- 0. 005	- 0. 005
	生态保护	- 0. 017	- 0. 018	- 0. 016	- 0. 020	- 0. 019	- 0. 011	- 0. 011
	绿色生产	0. 010	0. 011	0. 011	0. 012	0. 013	0. 014	0. 015
	绿色生活	0. 020	0. 022	0. 150	0. 109	0. 124	0. 085	0. 115
服务能力	创新活动	0. 078	0. 092	0. 101	0. 113	0. 155	0. 180	0. 260
	平台建设	0. 072	0. 084	0. 095	0. 120	0. 140	0. 165	0. 195
	成果转化	0. 035	0. 037	0. 037	0. 033	0. 029	0. 029	0. 038
政策环境	创新宣传	0. 023	0. 024	0. 024	0. 025	0. 022	0. 021	0. 020
	政策落实	0. 147	0. 072	0. 159	0. 111	0. 120	0. 154	0. 247

1. 江西省科技创新引领生态文明建设的综合指数总体波动上升

7 年间，除了在 2011 年和 2013 年有小幅度下调外，综合指数在其他年份总体呈上升态势。综合指数由 2010 年的 0.365 提升到 2016 年的 0.875，增幅接近 140%。细看各年度数据发现，2010~2015 年的 6 年，科技创新引领生态文明建设综合指数增长了 0.267，年均增长率为 12% 左右，但是 2016 年的科技创新引领生态文明建设综合指数比 2015 年提升了 0.243，增长率接近 40%。主要原因有二：其一，科技创新被提升为国家战略。2016 年，习近平总书记在"科技三会"（全国科技创新大会、两院院士大会、中国科协第九次全国代表大会）上发表重要讲话，强调要在我国发展的新的历史起点上，把科技创新摆在更加重要的位置，吹响建设世界科技强国的号角。同年，中共中央、国务院印发《国家创新驱动发展战略纲要》，确立了创新驱动"三步走"的战略部署；出台了《"十三五"国家科技创新规划》，描绘出了未来5年国家科技创新的宏伟蓝图。这极大激发了从中央到地方，从高校院所到大小企业的科技创新热情，制度创新与科技创新双轮并转，重大科技创新成果不断涌现。其二，生态文明建设被正式纳入考核。根据中共中央办公厅、国务院办公厅关于印发《生态文明建设目标评价考核办法》的通知（厅字〔2016〕45号）要求，国家发展改革委、国家统计局、环境保护部、中央组织部制定了《绿色发展指标体系》和《生态文明建设考核目标体系》，作为生态文明建设评价考核的依据。

2. 生态文明科技创新服务能力的贡献占主导地位

2010年，生态文明科技创新服务能力指数为0.185，2016年涨至0.494，增长了0.308，增幅达到166%。2016年，生态文明科技创新服务能力对科技创新引领生态文明建设综合指数的贡献率达到56.45%。这充分说明科技创新服务能力是提升科技创新对生态文明建设引领作用的主导因素。通过具体分析生态文明科技创新服务能力中创新活动、平台建设和成果转化3个子系统发现，7年间提升水平速度最快的是创新活动和平台建设子系统，尤其是由R&D经费、人员投入以及专利产出等组成的创新活动子系统，由2010年的0.078增加到2016年的0.260，增幅超过230%。以科研机构、重点工程研究中心和实验室等组成的平台建设子系统7年增长率超过170%。以专利授权率、全年技术市场合同成交、转让合同成交数量等组成的成果转化子系统，7年增长率为10.36%，年均增长率仅有1.48%，还不到创新活动增长率的5%。

3. 生态文明科技创新政策环境有所改善

该子系统得分从2006年的0.170增加到2016年的0.247，提升了56.74%。具体而言，生态文明科技创新政策环境得分的增长主要得益于政策落实子系统的提升，主要包括地方财政科技拨款、研究开发费用加计扣除减免税、高新技术企业减免税以及节能环保支出等指标。7年间，政策落实子系统得分增加了67.53%。而由科普宣讲活动、科协人员数量、科普宣传活动受众人次等指标组成的创新宣传子系统则出现下降现象，说明江西省科技创新宣传有待进一步加强。

4. 生态文明科技创新关键领域的贡献经历先增后减

从逻辑上说，生态文明科技创新关键领域的成果是生态文明科技创新服务能力和政策环境共同作用的结果。由结果可见，该子系统得分明显提升，对科技创新引领生态文明综合指数的增长的贡献经历了先增后减阶段。2010年生态文明科技创新关键领域指数为0.009，2012年提升至0.141，2016年下滑到0.114，总体增幅接近120%。从该子系统中资源利用、生态保护、绿色生产和绿色生活4个关键领域的得分情况看，绿色生活、绿色生产和资源利用系统得分的增幅分别达到460%、50%和15%；而以水质保护、空气保护、生态系统保护等组成生态保护领域则属于短板，尤其生态系统的保护工作任重道远。这充分说明近年来江西省在资源利用、绿色生产和绿色生活等生态文明建设关键领域取得较多科研成果并应用到生产、生活和资源领域，但是生态保护得分的下调也说明生态文明关键领域的科技创新到了攻坚克难阶段，短时间内在该领域难以看到明显的重大突破，但是只要生态文明科技创新服务能力和政策环境持续提升和优化，对于生态文明关键领域的科技创新日后取得重大成果具有重要意义。

（四）结论与讨论

综述分析，科技创新对江西生态文明建设的引领作用越来越显著，主要得益于生态文明科技创新服务能力的提升、生态文明科技创新政策环境的优化以及生态文明科技创新关键领域的突破，尤其是生态文明科技创新服务能力对提升科技创新引领生态文明建设的作用贡献最大。从各子系统得分变化情况可知，江西省科技创新对生态文明建设的引领作用由政策驱动转型到服务驱动，生态文明建设关键领域的科技创新进入了攻坚克难阶段。尤其在成果转化机制、创新宣传、资源利用和生态保护等领域也存在短板，有待进一步完善，为提升科技创新对生态文明建设的引领能力夯实基础。针对上述短板，江西省各级部门也做出相应的努力。

在成果转化方面，按照国家科技成果转化"三部曲"部署，抓紧完善江西省科技成果转化的政策架构，科技成果转移转化实施办法、行动方案正在加速落实。2017年，为深入实施创新驱动发展战略，加快打开和拓展科技成果转移转化通道，推动创新型江西建设和经济提质增效升级，江西省政府办公厅印发了《江西省促进科技成果转移转化行动方案（2017—2020年）》。还实施了若干具体举措，并取得显著成效。一是新一代宽带无线移动通信网国家重大专项（03专项）成果转移转化试点示范加速推进。以鹰潭为核心区，南昌、赣州等6市为拓展区，抚州、吉安等5市为辐射区的"1+6+5"

空间推进格局正在加快构建，取得网络建设领跑全国、应用示范推广全国领先的显著成效。二是组织开展全省促进科技成果转移转化行动。开通了江西省网上常设技术市场，成功举办 18 场全省性大型科技成果在线对接会，实现技术对接 2406 次。三是积极推动与中科院等大院大所的科技合作，引进省外技术来江西省转化。与中国科学院达成依托省科学院共建中科院科技成果育成中心协议，2017 年中科院在江西省实施产业化项目 78 项，实现社会效益104.31 亿元。组建了江西中科先进制造产业技术研究院、北航江西研究院、江西省通用航空研究院、江西稀土功能材料研究院等一批产业研究院。

在创新宣传方面，江西省发展改革委印发了《江西省 2017 年大众创业万众创新活动周总体方案》，活动主题是"双创促升级，壮大新动能"，目的是以宣传贯彻部署、总结经验推广、厚植双创文化、优化政策环境为目标，通过举办系列主题活动，进一步培育新动能，释放全民创业创新潜能，激活全民创业创新因子，营造全社会创业创新的浓厚氛围，为发展新经济、培育新动能创造良好条件。

在污染攻坚方面，切实履行工业领域生态环境保护职责，坚决打好污染防治攻坚战，全面推进工业绿色发展，江西省委省政府印发了《关于全面加强生态环境保护坚决打好污染防治攻坚战的实施意见》（赣发〔2018〕17号）。文件提出深入实施绿色制造和智能制造工程。利用绿色信贷和省级工业转型升级专项支持一批重大绿色制造项目。进一步加快江西省绿色制造体系建设，到 2020 年，力争建成 3 个以上国家级绿色园区，30 家以上国家级绿色工厂。大力推进传统产业优化升级以及实施战略性新兴产业倍增工程。

二、设区市层面的科技创新引领生态
文明建设综合分析

（一）数据来源

鉴于数据可获得性，相比省级层面的科技创新引领生态文明建设评价指标体系，设区市层面的有细微调整。具体原指标体系中的地表水Ⅰ～Ⅲ类水质断面（点位）达标率和细颗粒物（PM2.5）全省平均浓度，分别替换为万元 GDP 氮氧化物排放浓度和万元 GDP 二氧化硫排放浓度，新指标的选取也是对应水质和空气质量的指标；而设区市拥有科协系统人员数量没有获得，所以该指标被删除。设区市层面的评价所用的数据主要源于江西省 11 个设区市统计年鉴和各设区市社会经济发展公报 2010 ~ 2016 年的统计资料。所有涉及资金、货币的指标均已转化为 2010 年的可比价。表 6 - 4 展示了各指标的描述性统计分析。

表 6 - 4　设区市层面科技创新引领生态文明建设评价指标的描述性统计分析

指标序号	指标名称	均值	最大值	最小值
1	单位 GDP 能源消耗（吨/万元）	1.49	6.29	0.79
2	万元工业增加值用水量（万立方米/万元）	427.63	1198.32	197.80
3	万元 GDP 建设用地面积（公顷/亿元）	15.74	35.48	7.01
4	空间资源利用指数（城镇化率）（%）	52.13	72.29	35.54
5	万元 GDP 二氧化硫排放浓度（千克/万元）	10.23	61.77	0.88
6	万元 GDP 氮氧化物排放浓度（千克/万元）	5.61	19.66	0.65
7	自然保护区占辖区面积比重（%）	6.95	17.43	0.86
8	生态系统服务供给（林业增加值占比）（%）	12.22	24.71	1.91
9	单位耕地面积化肥使用量（千克/公顷）	291.73	938.13	136.86
10	一般工业固体废物综合利用率（%）	81.06	100.00	5.47
11	高新技术产业增加值占比（规上）（%）	11.53	31.20	4.99
12	第三产业增加值比重（%）	33.63	42.80	18.56
13	单位面积建设用地公共交通里程（万千米/公顷）	0.43	1.64	0.08
14	城市建成区绿地率（%）	42.88	54.49	33.80
15	垃圾无害化处理率（%）	92.18	100.00	38.40
16	污水处理率（%）	88.00	100.00	46.37
17	R&D 经费投入占 GDP 比重（%）	1.04	5.36	0.12
18	每万人 R&D 人员数量（人/万人）	8.66	39.30	0.58
19	每万人专利申请数量（项/万人）	5.91	30.32	0.59
20	发明专利申请数量占比（%）	4.63	11.67	1.15
21	每百万人工程（技术）研究中心（个/百万人）	2.79	11.15	0.45
22	每百万人重点实验室（个/百万人）	4.17	19.86	0.00
23	信息化指数（百人互联网用户数）（户/百人）	1.79	21.36	0.00
24	专利授权率（%）	12.41	27.00	2.39
25	人均全年技术市场合同成交金额（元/人）	61.27	90.73	31.96
26	每万人技术转让合同成交数量（项/万人）	52.31	243.67	6.50

指标序号	指标名称	均值	最大值	最小值
27	科普宣讲活动次数（万次）	0.43	3.28	0.00
28	每万人拥有科协系统人员数量（人/万人）	0.15	0.35	0.00
29	受众人次占总人口比重（%）	7.17	28.59	0.47
30	地方财政科技拨款占比财政支出（%）	1.16	2.24	0.33
31	研究开发费用加计扣除减免税占技改支出比例（规上）（%）	16.01	95.51	0.48
32	高新技术企业减免税占技改支出比例（规上）（%）	36.36	100	0.26
33	节能环保支出占财政支出比重（%）	0.46	1.91	0.04

（二）指标权重确定

根据熵值法的 5 个步骤，省级层面的指标权重已经确定，为了方便比较，设区市层面的指标权重依然沿用省级层面的权重。值得指出的是，设区市层面的科技创新引领生态文明建设评价指标体系比省级层面的指标体系缺少一个指标，即生态文明科技创新政策环境中创新宣传的每万人拥有科协系统人员数量。所以在设区市层面的指标权重将该指标的权重平摊到创新宣传中其他两个指标（科普宣讲活动次数和受众人次占总人口比重）。设区市层面科技创新引领生态文明建设评价指标的权重如表 6 - 5 所示，所有指标的权重之后加总为 1。

表 6 - 5　设区市层面的科技创新引领生态文明建设评价指标的权重结果

序号	指标名称	权重	序号	指标名称	权重
1	单位 GDP 能源消耗	0.00333	12	第三产业增加值比重	0.00250
2	万元工业增加值用水量	0.00070	13	单位面积公共交通里程	0.14841
3	万元 GDP 建设用地面积	0.00286	14	城市建成区绿地率	0.00023
4	空间资源利用指数（城镇化率）	0.00163	15	垃圾无害化处理率	0.00055
5	地表水 Ⅰ ~ Ⅲ 类水质断面（点位）达标率	0.00001	16	污水处理率	0.00045
6	细颗粒物全省平均浓度	0.02115	17	R&D 经费投入占 GDP 比重	0.03467
7	自然保护区占辖区面积比重	0.00083	18	每万人 R&D 人员数量	0.03467
8	生态系统服务供给	0.00061	19	每万人专利申请数量	0.01505
9	单位耕地面积化肥使用量	0.00002	20	发明专利申请数量占比	0.21067
10	一般工业固体废物综合利用率	0.00184	21	百万人科技活动机构数量	0.03187
11	高新技术产业增加值占比	0.01078	22	每百万人工程（技术）研究中心	0.04769

序号	指标名称	权重	序号	指标名称	权重
23	每百万人重点实验室	0.05659	29	受众人次占总人口比重	0.01505
24	信息化指数	0.04055	30	科技拨款占比财政支出	0.01376
25	专利授权率	0.05059	31	研究开发费用加计扣除减免税占技改支出比例（规上）	0.05635
26	人均全年技术市场合同成交金额	0.00388	32	高新技术企业减免税占技改支出比例（规上）	0.11266
27	每万人技术转让合同成交数量	0.01608	33	节能环保支出占财政支出比重	0.06843
28	科普宣讲活动次数	0.03467			

（三）评价结果与比较

1. 各设区市科技创新引领生态文明建设综合指数时序变化分析

从综合指数看，图6-2展示了2010～2016年江西省11个设区市科技创新引领生态文明建设综合指数的变化情况。由图可见，各设区市的科技创新引领生态文明建设综合指数总体处于平稳向上增长趋势。从综合指数看，南昌的综合指数平均值（0.500）占绝对优势，属于第一梯队；鹰潭、抚州、新余、宜春的综合指数平均值在2.50左右，属于第二梯队。从增长趋势看，九江、吉安和赣州的科技创新引领生态文明建设综合指数上涨幅度最大，7年的年平均增长率分别为22.52%、22.07%和20.12%；增长速度最慢的是上饶，综合指数的年平均增长率为5.58%。

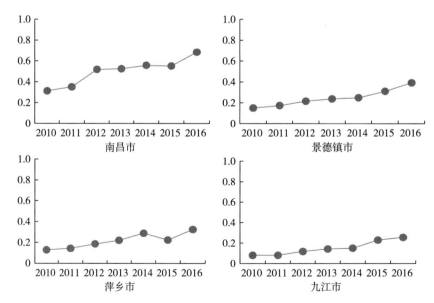

图6-2 2010～2016年江西省11个设区市科技创新引领

生态文明建设综合指数时序变化

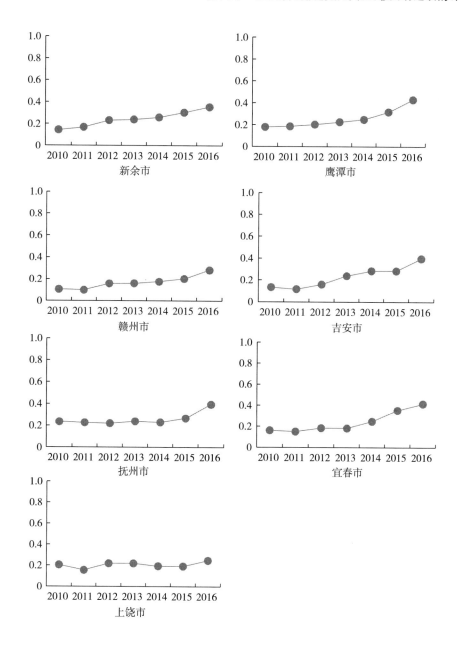

图 6 - 2 2010～2016 年江西省 11 个设区市科技创新引领

生态文明建设综合指数时序变化（续图）

2. 各设区市科技创新引领生态文明建设城际差异分析

结合 2010 年、2012 年、2014 年和 2016 年 4 个节点分析各设区市科技创新引领生态文明建设综合指数得分和排名情况（见图 6 - 3 和表 6 - 6）。我们发现，4 个节点虽然都是间隔 1 年，但是相比其他节点年份，除上饶和萍乡（上饶的 4 个节点的综合指数相对接近；萍乡的最大跳跃点出现在 2014 年）

外，其余9个设区市2016年的综合指数跳跃最为明显。从排名结果看，南昌一直以绝对优势位居首位；吉安的排名进步最大，从2010年的第8名提升到2016年的第4名；鹰潭和宜春经过多年的努力挤进前三甲；上饶、抚州和新余的排名出现下滑，尤其是上饶，从2010年的第3名降到2016年的最后一名。

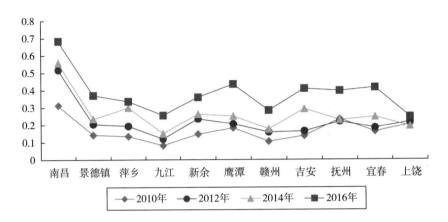

图6-3　2010年、2012年、2014年和2016年江西省设区市层面科技
创新引领生态文明建设水平综合评价结果

表6-6　2010~2016年江西省11个设区市科技创新引领生态文明建设水平综合评价结果与排名

年份	南昌	景德镇	萍乡	九江	新余	鹰潭	赣州	吉安	抚州	宜春	上饶
2010	0.313	0.142	0.134	0.082	0.147	0.182	0.105	0.138	0.234	0.161	0.204
排名	1	7	9	11	6	4	10	8	2	5	3
2011	0.351	0.165	0.150	0.082	0.171	0.189	0.099	0.120	0.226	0.150	0.155
排名	1	5	8	11	4	3	10	9	2	7	6
2012	0.517	0.204	0.193	0.119	0.235	0.206	0.158	0.164	0.219	0.184	0.219
排名	1	6	7	11	2	5	10	9	3	8	4
2013	0.525	0.226	0.229	0.143	0.243	0.228	0.159	0.246	0.238	0.182	0.219
排名	1	7	5	11	3	6	10	2	4	9	8
2014	0.558	0.235	0.300	0.150	0.263	0.252	0.176	0.293	0.229	0.247	0.193
排名	1	7	2	11	4	5	10	3	8	6	9
2015	0.551	0.293	0.233	0.230	0.309	0.320	0.203	0.294	0.267	0.352	0.192
排名	1	6	8	9	4	3	10	5	7	2	11
2016	0.684	0.371	0.336	0.256	0.360	0.435	0.284	0.409	0.397	0.415	0.247
排名	1	6	8	10	7	2	9	4	5	3	11

　　其中的原因可以从科技创新引领生态文明建设中的各个子系统的分析得到结论（见图6-4）。南昌的科技创新引领生态文明建设综合指数得分一直居高的主要原因是，生态文明科技创新服务能力的显著提升，该子系统从2010年的0.225增加到2016年的0.478，上涨了0.253。南昌市相关部门非常注重科技创新服务能力的提升，为各类创新主体提供服务和支撑。以南昌高新区为例，为了大力提升南昌高新区科技创新能力，努力建设全国一流高科技园区，实现高新区科技创新和产业竞争力"双提升"，2018年发布了《促进科技创新若干措施》，强调通过加强科技企业服务体系建设、加快创新技术平台建设、实施知识产权战略、积极培育高新技术企业等方面，极大提升了高新区科技创新服务能力。

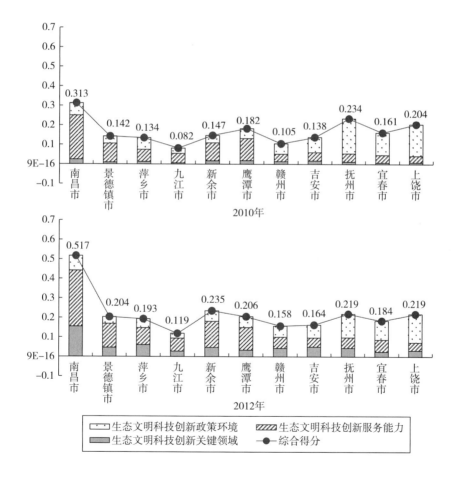

图6-4　2010年、2012年、2014年、2016年江西省11个设区市
科技创新引领生态文明建设综合指数城际差异比较

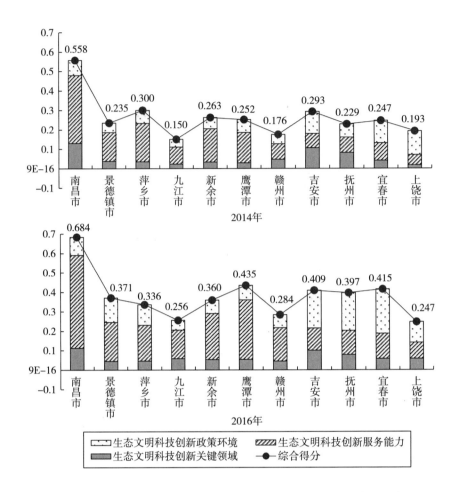

图 6-4　2010 年、2012 年、2014 年、2016 年江西省 11 个设区市科技创新引领生态文明建设综合指数城际差异比较（续图）

　　吉安科技创新引领生态文明建设综合指数提升最明显的原因是生态文明科技创新关键领域和生态文明科技创新服务能力子系统的得分增加显著，总体增长率分别为 482% 和 168%。吉安把科技创新作为经济发展的主引擎，加快工业转型升级，聚焦电子信息、生物医药等主导产业，大力实施一批科技含量高的项目，加速重点产业创新成果转化为现实生产力，引领全市工业向产业链、价值链的高端攀升。2015 年，吉安有 21 个项目获省战略性新兴产业引导资金 1.54 亿元，有 4 个项目争取省重点创新产业化升级资金 1.3 亿元以上，争资项目数和资金量均列全省前茅。2014~2016 年，吉安市有 132 项新产品列入升级开发和试制计划，其中 106 项已完成鉴定，总数列全省第 2。

　　上饶科技创新引领生态文明建设综合指数出现明显下滑的原因是生态文

明科技创新政策环境子系统得分大幅下降，从 2010 年的 0.162 降至 2016 年的 0.106，降幅达到 34.32%。更精确地说，是生态文明科技创新政策环境系统中政策落实子系统得分出现显著回落。

3. 科技创新引领生态文明建设主导因素的城际差异

总体而言，生态文明科技创新服务能力对综合得分的贡献逐渐占据主导地位，平均贡献率从 45.11% 提升到 50.73%；生态文明科技创新政策环境的贡献率有所减弱，平均贡献率从 46.42% 降至 32.01%；生态文明科技创新关键领域的贡献率经历了先增后减，从 2010 年的 8.47% 先提高到 2012 年的 22.72% 后下降到 17.26%。这充分说明，江西省科技创新对生态文明建设的引领作用由政策驱动转型到服务驱动，生态文明建设关键领域的科技创新进入了攻坚克难阶段。

具体从三个子系统的地区差异看，南昌、景德镇、萍乡、九江、新余和鹰潭等设区市的科技创新引领生态文明建设综合指数，主要靠生态文明科技创新服务能力子系统的贡献，而且占绝对优势，平均贡献率达 60% 以上。吉安、抚州、宜春和上饶等设区市综合指数贡献最大的是生态文明科技创新政策环境子系统，尤其是上饶和抚州，该比例高达 75% 以上；但是抚州、宜春和上饶的生态文明科技创新服务能力子系统贡献也在逐年显著提升。赣州科技创新引领生态文明建设综合指数主导贡献因素，从生态文明科技创新政策环境子系统转到生态文明科技创新服务能力子系统。

4. 各设区市科技创新引领生态文明建设综合指数空间差异分析

图 6-5 是基于 ArcGIS 的自然断点法绘制的，所以图中 3 个等级的空间变化并不是依据各设区市科技创新引领生态文明建设综合指数绝对值的变化进行划分。例如，某设区市的科技创新引领生态文明建设综合指数虽然在时序上看绝对值是递增的，但是如果该市科技创新引领生态文明建设综合指数的增长速度低于其他城市，从空间演变图上可能会展示该市科技创新引领生态文明建设综合指数降低了等级。总体而言，科技创新引领生态文明建设综合指数较高的地区主要连片集中于以南昌为核心的赣中地区、赣西地区和赣东北地区，表示上述地区科技创新对生态文明建设的引领作用比较显著而有效。而赣北和赣南地区的综合指数相对偏低，也就是在这些地区科技创新对生态文明建设的引领作用有待加强。

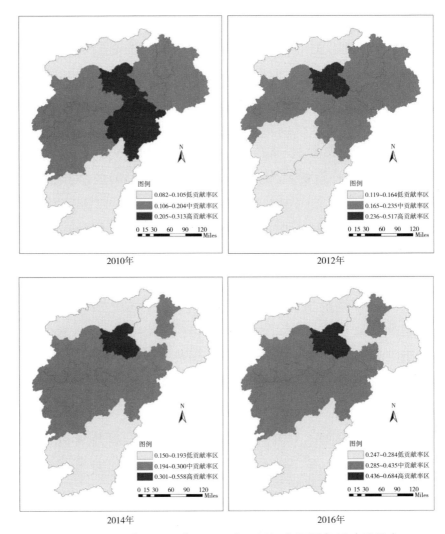

图6－5　2010年、2012年、2014年、2016年江西省11个设区市
科技创新引领生态文明建设综合指数空间演化

三、江西省科技创新引领生态文明
建设存在的问题

（一）生态文明关键领域创新能力依然偏弱

随着经济发展提速、资源约束趋紧，江西省环境容量压力加大，在生态

文明建设，尤其是资源利用、环境治理和绿色生产方面亟须通过科技创新提高资源利用效率、环境治理成效以及绿色生产水平。

1. 资源利用方面

工业行业能源的利用技术有待进一步创新，尤其是石油炼焦、化工、非金属、黑色金属、有色金属、火力发电六大高耗能行业。2018 年，江西省六大高耗能行业能耗 4705.35 万吨标准煤，增长 4.1%，增速较上年提高 0.6 个百分点，占规上工业能耗比重 87.3%，较上年提高 0.4 个百分点，拉动规上工业能耗增长 3.6 个百分点。六大高耗能行业中，电力及热力工业增长 10.0%，石油及煤炭加工业增长 7.8%。能源结构优化的任务仍然艰巨，节能降耗需持之以恒。

2. 环境治理方面

对氨氮、二氧化硫、氮氧化物等主要污染物、危险废物、生活垃圾、污水污染等治理的科技创新投入力度仍有待加强，火电机组超低排放改造未完成，成品油质量偏低、工业锅炉煤改清洁能源行动没有全面铺设；农业秸秆禁烧问题依然突出，需要对秸秆腐熟技术、秸秆还田技术深入研究。

3. 绿色产业方面

传统产业发展中循环经济和清洁生产水平偏低，继续通过技术的更新进步推进产业、产品结构调整，进行绿色化、智能化；新兴绿色产业发展还处于初级阶段，以新能源、新材料、可再生能源、环保产业等为主体的新兴绿色产业比重仍然偏低，服务领域窄，层次不高。

（二）生态文明科技创新服务能力有待加强

生态文明科技创新服务能力不足主要体现在：

1. 生态文明创新投入不足和结构不优

2018 年江西省全社会研发经费占 GDP 比重为 1.4%，比上年提升 0.12 个百分点，但是明显低于全国 2.12% 的平均水平。生态环境保护和治理的科技创新投入总体不足，农村环境整治、农业面源污染治理、城乡饮用水源保护等技术创新投入有待提高。而且在科技创新投入结构中体现基础性、原创性的投入和产出仍然比较少。基础研究的经费比例偏低，仅占 3.5%，比全国平均水平低 2 个百分点。

2. 生态文明创新成果转化渠道不够通畅

主要因为：

（1）科学化的成果转化技术评估方法及平台缺失。对科技成果的评估仍然沿袭传统的专家评审，主观性较强，不能真实反映科技成果的潜在价值和经济技术水平。

（2）二次研发不完整，工程化和产品化存在短板。面向环保产业发展需求开展中试熟化与产业化开发的工作格局尚未形成。

（3）技术交易市场不成熟，缺乏有活力的科技中介。现有交易平台基本功能仍不完善，缺乏统一的技术市场网络和科技成果信息网络，服务定位不明确，缺少对成果深层次的专业评估，交易的安全性和规范性无法保证。

（三）生态文明科技创新政策环境仍需优化

生态文明科技创新政策环境的不足主要表现在：

1. 生态文明科技创新的政策保障体系不完善

没有建立再生产全过程的环境经济政策，推动资源性产品的价格改革，促进环境污染外部成本内部化，制定有利于环境保护的财政政策和税收政策，研究开征环境税，没有达到激励各主体通过科技创新参与生态文明建设的目的。

2. 公共研发和专业服务机构作用发挥不够充分

江西省在生态文明建设领域能够起到引领带动作用的公共研发和专业服务机构比较欠缺，缺少高层次人才集聚、高水平项目研发、高协同技术攻关的大平台。公共研发平台的运作体制机制还不够顺畅，围绕生态文明建设共性问题进行研究攻关较少，没有起到服务区域生态文明建设应有的作用。科技创新平台发展定位也不够清晰，一定程度上存在交叉重复及同质竞争现象，不利于资源的有效配置。此外，一些科技中介机构对有收益的项目积极性较高，对一些社会公益性项目积极性不高。

3. 金融支持体系力度不足

现有政策对商业银行、金融机构和财政支持创新的微观引导力度不够，对绿色技术发展给予的资金和政策扶持不足，对生态文明科技创新缺乏完善的金融服务体系支撑，导致生态环境科技成果发明和转化的后续推动力不足。

4. 部门联动机制不健全

生态文明建设的信息与科学技术支撑体系还不完善，环境监管职能交叉重叠、错位、越位、缺位等现象仍然存在，各类涉及生态文明建设和科技创新的规划、政策、制度还需进一步统筹衔接，多部门协同联动机制还不健全。

四、本章小结

本章构建了科技创新引领生态文明建设的综合评价体系，基于江西省级数据以及 11 个设区市面板数据，从省级层面和设区市层面分析科技创新对生态文明建设引领作用的时空演变规律。省级层面的评价结果显示，科技创新对江西生态文明建设的引领作用越来越显著。主要得益于生态文明科技创新服务能力的提升、生态文明科技创新政策环境的优化以及生态文明科技创新关键领域的突破，尤其是生态文明科技创新服务能力对提升科技创新引领生态文明建设的作用贡献最大。设区市层面的评价结果显示，各设区市的科技创新引领生态文明建设综合指数总体处于平稳向上增长趋势。从综合指数看，南昌以绝对优势，占据于第一梯队；鹰潭、抚州、新余、宜春属于第二梯队。从空间演变趋势看，科技创新引领生态文明建设综合指数较高的地区主要连片集中于以南昌为核心的赣中地区、赣西地区和赣东北地区，表示上述地区科技创新对生态文明建设的引领作用比较显著而有效。而赣北和赣南地区的综合指数相对偏低，也就是在这些地区科技创新对生态文明建设的引领作用有待加强。

根据上述分析结果以及结合实地调研情况，总结了江西省科技创新引领生态文明建设存在的问题：生态文明关键领域创新能力依然偏弱（资源利用方面、环境治理方面、绿色产业方面）；生态文明科技创新服务能力有待加强（生态文明创新投入不足和结构不优、生态文明创新成果转化渠道不够通畅）；生态文明科技创新政策环境仍需优化（生态文明科技创新的政策保障体系不完善、公共研发和专业服务机构作用发挥不够充分、金融支持体系力度不足、部门联动机制不健全）。

本章附表

A6 – 1 2010 年江西省 11 个设区市科技创新引领
生态文明建设水平综合评价结果与排名

地区	综合指数		关键领域		服务能力		政策环境	
	得分	排名	得分	排名	得分	排名	得分	排名
南昌市	0.313	1	0.025	1	0.225	1	0.063	5
景德镇市	0.142	7	0.010	8	0.096	3	0.037	10
萍乡市	0.134	9	0.013	6	0.061	5	0.060	6
九江市	0.082	11	0.006	11	0.049	6	0.027	11
新余市	0.147	6	0.017	4	0.092	4	0.038	9
鹰潭市	0.182	4	0.018	2	0.113	2	0.051	8
赣州市	0.105	10	0.014	5	0.038	10	0.053	7
吉安市	0.138	8	0.017	3	0.043	7	0.077	4
抚州市	0.234	2	0.012	7	0.043	8	0.179	1
宜春市	0.161	5	0.008	10	0.039	9	0.114	3
上饶市	0.204	3	0.009	9	0.033	11	0.162	2

A6 – 2 2011 年江西省 11 个设区市科技创新引领生态文明建设水平
综合评价结果与排名

地区	综合指数		关键领域		服务能力		政策环境	
	得分	排名	得分	排名	得分	排名	得分	排名
南昌市	0.351	1	0.026	1	0.259	1	0.067	5
景德镇市	0.165	5	0.007	9	0.124	3	0.033	10
萍乡市	0.150	8	0.011	7	0.077	5	0.062	6
九江市	0.082	11	0.004	10	0.053	7	0.025	11
新余市	0.171	4	0.014	4	0.118	4	0.039	9
鹰潭市	0.189	3	0.018	2	0.125	2	0.045	7
赣州市	0.099	10	0.012	6	0.044	10	0.042	8
吉安市	0.120	9	0.015	3	0.037	11	0.067	4
抚州市	0.226	2	0.014	5	0.053	6	0.159	1
宜春市	0.150	7	− 0.003	11	0.053	8	0.100	3
上饶市	0.155	6	0.010	8	0.045	9	0.100	2

A6-3　2012年江西省11个设区市科技创新引领生态文明建设水平

综合评价结果与排名

地区	综合指数		关键领域		服务能力		政策环境	
	得分	排名	得分	排名	得分	排名	得分	排名
南昌市	0.517	1	0.155	1	0.286	1	0.077	4
景德镇市	0.204	6	0.046	5	0.123	3	0.035	10
萍乡市	0.193	7	0.060	2	0.088	5	0.045	9
九江市	0.119	11	0.028	10	0.067	6	0.025	11
新余市	0.235	2	0.047	4	0.135	2	0.053	8
鹰潭市	0.206	5	0.034	8	0.116	4	0.055	7
赣州市	0.158	10	0.043	7	0.058	8	0.057	6
吉安市	0.164	9	0.050	3	0.047	10	0.067	5
抚州市	0.219	3	0.044	6	0.054	9	0.122	2
宜春市	0.184	8	0.025	11	0.062	7	0.097	3
上饶市	0.219	4	0.031	9	0.041	11	0.146	1

A6-4　2013年江西省11个设区市科技创新引领生态文明建设水平

综合评价结果与排名

地区	综合指数		关键领域		服务能力		政策环境	
	得分	排名	得分	排名	得分	排名	得分	排名
南昌市	0.525	1	0.138	1	0.320	1	0.067	7
景德镇市	0.226	7	0.041	5	0.130	3	0.054	9
萍乡市	0.229	5	0.060	2	0.101	5	0.068	6
九江市	0.143	11	0.026	10	0.075	7	0.042	11
新余市	0.243	3	0.044	4	0.137	2	0.063	8
鹰潭市	0.228	6	0.030	8	0.128	4	0.070	5
赣州市	0.159	10	0.035	7	0.071	8	0.054	10
吉安市	0.246	2	0.060	3	0.058	10	0.129	2
抚州市	0.238	4	0.038	6	0.091	6	0.110	3
宜春市	0.182	9	0.026	9	0.066	9	0.090	4
上饶市	0.219	8	0.021	11	0.042	11	0.156	1

A6-5 2014年江西省11个设区市科技创新引领生态文明建设水平

综合评价结果与排名

地区	综合指数		关键领域		服务能力		政策环境	
	得分	排名	得分	排名	得分	排名	得分	排名
南昌市	0.558	1	0.130	1	0.349	1	0.078	4
景德镇市	0.235	7	0.038	6	0.148	5	0.049	10
萍乡市	0.300	2	0.035	7	0.198	2	0.067	6
九江市	0.150	11	0.023	10	0.087	7	0.040	11
新余市	0.263	4	0.033	8	0.172	3	0.058	8
鹰潭市	0.252	5	0.029	9	0.157	4	0.066	7
赣州市	0.176	10	0.047	4	0.080	8	0.049	9
吉安市	0.293	3	0.106	2	0.074	10	0.113	3
抚州市	0.229	8	0.082	3	0.079	9	0.068	5
宜春市	0.247	6	0.041	5	0.090	6	0.116	2
上饶市	0.193	9	0.018	11	0.052	11	0.123	1

A6-6 2015年江西省11个设区市科技创新引领生态文明建设水平

综合评价结果与排名

地区	综合指数		关键领域		服务能力		政策环境	
	得分	排名	得分	排名	得分	排名	得分	排名
南昌市	0.551	1	0.098	1	0.377	1	0.076	6
景德镇市	0.293	6	0.044	6	0.162	4	0.087	5
萍乡市	0.233	8	0.037	8	0.134	5	0.062	9
九江市	0.230	9	0.048	5	0.113	7	0.069	8
新余市	0.309	4	0.023	10	0.225	2	0.061	10
鹰潭市	0.320	3	0.033	9	0.215	3	0.072	7
赣州市	0.203	10	0.040	7	0.114	6	0.049	11
吉安市	0.294	5	0.069	2	0.096	10	0.128	2
抚州市	0.267	7	0.052	4	0.099	9	0.116	3
宜春市	0.352	2	0.052	3	0.102	8	0.198	1
上饶市	0.192	11	0.018	11	0.077	11	0.097	4

A6-7 2016年江西省11个设区市科技创新引领生态文明建设水平综合评价结果与排名

地区	综合指数		生态文明科技创新关键领域		生态文明科技创新服务能力		生态文明科技创新政策环境	
	得分	排名	得分	排名	得分	排名	得分	排名
南昌市	0.684	1	0.113	1	0.478	1	0.093	7
景德镇市	0.371	6	0.045	11	0.201	4	0.125	4
萍乡市	0.336	8	0.047	9	0.184	5	0.105	6
九江市	0.256	10	0.058	4	0.147	7	0.050	11
新余市	0.360	7	0.053	8	0.237	3	0.069	9
鹰潭市	0.435	2	0.054	7	0.306	2	0.075	8
赣州市	0.284	9	0.045	10	0.172	6	0.067	10
吉安市	0.409	4	0.100	2	0.115	10	0.193	3
抚州市	0.397	5	0.078	3	0.124	9	0.194	2
宜春市	0.415	3	0.058	6	0.130	8	0.227	1
上饶市	0.247	11	0.058	5	0.083	11	0.106	5

A6-8 2010~2016年江西省11个设区市科技创新引领生态文明建设指标体系中各子系统评价结果

年份	地区	生态文明科技创新关键领域				生态文明科技创新服务能力			生态文明科技创新政策环境	
		资源利用	生态保护	绿色生产	绿色生活	创新活动	平台建设	成果转化	创新宣传	政策落实
2010	南昌市	-0.001	-0.001	0.007	0.019	0.076	0.116	0.034	0.014	0.049
	景德镇市	-0.002	-0.005	0.006	0.010	0.042	0.046	0.008	0.004	0.033
	萍乡市	-0.002	-0.005	0.008	0.011	0.023	0.033	0.005	0.004	0.056
	九江市	-0.001	-0.007	0.005	0.009	0.022	0.022	0.005	0.011	0.016
	新余市	-0.001	-0.003	0.009	0.013	0.045	0.041	0.007	0.004	0.034
	鹰潭市	-0.001	-0.003	0.016	0.016	0.071	0.033	0.010	0.013	0.038
	赣州市	-0.001	-0.002	0.007	0.010	0.017	0.017	0.005	0.011	0.042
	吉安市	-0.001	-0.006	0.011	0.013	0.024	0.014	0.005	0.018	0.060
	抚州市	-0.001	-0.001	0.005	0.008	0.026	0.012	0.005	0.008	0.171
	宜春市	-0.001	-0.006	0.005	0.010	0.025	0.010	0.004	0.006	0.109
	上饶市	-0.001	-0.004	0.004	0.010	0.017	0.012	0.005	0.009	0.152
2011	南昌市	0.000	-0.001	0.007	0.021	0.097	0.126	0.036	0.021	0.045
	景德镇市	-0.001	-0.008	0.006	0.011	0.061	0.052	0.010	0.004	0.029
	萍乡市	-0.001	-0.009	0.009	0.013	0.035	0.037	0.004	0.016	0.047
	九江市	-0.001	-0.010	0.005	0.010	0.022	0.026	0.005	0.008	0.017
	新余市	-0.001	-0.006	0.009	0.012	0.059	0.050	0.009	0.004	0.035

年份	地区	生态文明科技创新关键领域				生态文明科技创新服务能力			生态文明科技创新政策环境	
		资源利用	生态保护	绿色生产	绿色生活	创新活动	平台建设	成果转化	创新宣传	政策落实
2011	鹰潭市	0.000	−0.008	0.006	0.021	0.074	0.038	0.013	0.005	0.040
	赣州市	−0.001	−0.003	0.007	0.010	0.019	0.020	0.005	0.008	0.034
	吉安市	−0.001	−0.008	0.011	0.013	0.017	0.016	0.004	0.015	0.053
	抚州市	−0.001	0.000	0.005	0.010	0.035	0.014	0.004	0.007	0.152
	宜春市	−0.001	−0.017	0.006	0.010	0.031	0.014	0.008	0.005	0.095
	上饶市	0.000	−0.007	0.004	0.013	0.028	0.014	0.003	0.011	0.089
2012	南昌市	0.000	−0.001	0.007	0.149	0.108	0.141	0.037	0.012	0.064
	景德镇市	−0.001	−0.006	0.006	0.048	0.057	0.058	0.008	0.003	0.031
	萍乡市	−0.001	−0.007	0.009	0.060	0.042	0.041	0.006	0.009	0.036
	九江市	−0.001	−0.009	0.006	0.032	0.031	0.030	0.005	0.007	0.018
	新余市	−0.001	−0.005	0.007	0.047	0.075	0.051	0.009	0.003	0.050
	鹰潭市	0.000	−0.007	0.006	0.035	0.063	0.042	0.011	0.006	0.049
	赣州市	−0.001	−0.003	0.007	0.040	0.028	0.024	0.005	0.009	0.048
	吉安市	−0.001	−0.005	0.012	0.044	0.025	0.019	0.004	0.017	0.050
	抚州市	−0.001	0.000	0.005	0.040	0.030	0.018	0.006	0.007	0.115
	宜春市	−0.001	−0.016	0.006	0.036	0.038	0.019	0.006	0.010	0.087
	上饶市	0.000	−0.006	0.005	0.033	0.022	0.016	0.004	0.010	0.136
2013	南昌市	0.000	−0.001	0.007	0.132	0.127	0.159	0.034	0.024	0.042
	景德镇市	−0.001	−0.006	0.007	0.041	0.063	0.058	0.010	0.007	0.048
	萍乡市	−0.001	−0.008	0.010	0.059	0.047	0.048	0.005	0.006	0.063
	九江市	−0.001	−0.008	0.007	0.028	0.033	0.036	0.006	0.009	0.033
	新余市	−0.001	−0.006	0.007	0.044	0.074	0.054	0.008	0.002	0.060
	鹰潭市	0.000	−0.006	0.006	0.030	0.065	0.050	0.012	0.004	0.067
	赣州市	−0.001	−0.003	0.007	0.032	0.031	0.035	0.005	0.008	0.045
	吉安市	−0.001	−0.004	0.013	0.052	0.032	0.023	0.003	0.015	0.114
	抚州市	−0.003	−0.002	0.007	0.035	0.052	0.031	0.007	0.008	0.101
	宜春市	−0.001	−0.016	0.006	0.037	0.040	0.022	0.004	0.006	0.084
	上饶市	0.000	−0.006	0.006	0.022	0.020	0.018	0.003	0.006	0.150
2014	南昌市	0.000	0.000	0.007	0.124	0.145	0.175	0.029	0.013	0.066
	景德镇市	−0.001	−0.009	0.007	0.042	0.077	0.061	0.010	0.006	0.043
	萍乡市	−0.005	−0.021	0.010	0.051	0.090	0.096	0.012	0.010	0.057
	九江市	−0.001	−0.008	0.008	0.024	0.041	0.042	0.004	0.006	0.034
	新余市	−0.002	−0.006	0.008	0.033	0.095	0.069	0.008	0.000	0.057

年份	地区	生态文明科技创新关键领域				生态文明科技创新服务能力			生态文明科技创新政策环境	
		资源利用	生态保护	绿色生产	绿色生活	创新活动	平台建设	成果转化	创新宣传	政策落实
2014	鹰潭市	0.000	-0.007	0.007	0.029	0.090	0.057	0.011	0.004	0.062
	赣州市	-0.001	-0.003	0.007	0.043	0.042	0.034	0.004	0.006	0.043
	吉安市	-0.001	-0.004	0.013	0.097	0.040	0.031	0.003	0.013	0.100
	抚州市	-0.001	0.000	0.006	0.077	0.043	0.032	0.005	0.006	0.062
	宜春市	-0.001	-0.013	0.007	0.048	0.052	0.035	0.004	0.008	0.107
	上饶市	-0.002	-0.005	0.006	0.019	0.023	0.026	0.003	0.007	0.116
2015	南昌市	-0.001	0.000	0.007	0.092	0.171	0.181	0.024	0.013	0.063
	景德镇市	-0.002	-0.006	0.007	0.045	0.081	0.070	0.011	0.004	0.082
	萍乡市	-0.002	-0.009	0.011	0.037	0.063	0.061	0.009	0.009	0.053
	九江市	-0.001	-0.007	0.008	0.048	0.060	0.047	0.006	0.007	0.062
	新余市	-0.002	-0.007	0.007	0.025	0.138	0.071	0.016	0.003	0.058
	鹰潭市	-0.001	-0.004	0.007	0.032	0.134	0.069	0.012	0.007	0.064
	赣州市	-0.001	-0.002	0.007	0.037	0.063	0.046	0.005	0.007	0.042
	吉安市	-0.001	-0.004	0.014	0.060	0.057	0.035	0.004	0.010	0.119
	抚州市	-0.002	0.000	0.006	0.048	0.058	0.037	0.005	0.006	0.109
	宜春市	-0.001	-0.012	0.008	0.057	0.059	0.038	0.004	0.006	0.192
	上饶市	-0.003	-0.003	0.006	0.018	0.039	0.033	0.004	0.009	0.088
2016	南昌市	0.000	0.000	0.007	0.106	0.251	0.194	0.032	0.013	0.080
	景德镇市	-0.002	-0.003	0.007	0.042	0.107	0.084	0.010	0.003	0.122
	萍乡市	-0.001	-0.004	0.011	0.041	0.096	0.075	0.014	0.004	0.102
	九江市	-0.001	-0.004	0.008	0.054	0.083	0.057	0.008	0.004	0.046
	新余市	-0.002	-0.004	0.008	0.052	0.142	0.084	0.011	0.001	0.068
	鹰潭市	-0.001	-0.003	0.009	0.049	0.212	0.082	0.013	0.009	0.066
	赣州市	-0.001	-0.003	0.007	0.043	0.117	0.050	0.005	0.007	0.060
	吉安市	-0.001	-0.002	0.015	0.088	0.072	0.037	0.006	0.009	0.184
	抚州市	-0.001	-0.001	0.006	0.074	0.078	0.042	0.005	0.007	0.187
	宜春市	-0.001	-0.010	0.008	0.062	0.079	0.048	0.003	0.007	0.221
	上饶市	-0.001	-0.003	0.006	0.055	0.047	0.032	0.004	0.008	0.098

机制创新篇

第七章

江西生态环境监管制度
创新与实践研究

一、江西生态环境监管制度创新的理论分析

党的十九大报告指出，要改革生态环境监管体制。改革生态环境监管体制机制是实现生态文明建设目标的必由之路（方卫华和李瑞，2018），也是生态文明建设的重要保障之一（曾贤刚和魏国强，2015）。生态环境监管体制改革，一方面有助于推进供给侧结构性改革，另一方面有利于加快推动绿色、循环、低碳发展，对进一步加强生态环境治理、推进生态文明建设具有重大意义。

生态环境监管是对一系列监督和管理手段与行为的统称，指为了实现人与生态环境的和谐共处，采取有效的监督和管理方式来对生态环境加以保护，提高生态资源的开发利用效率，防止生态环境恶化对经济、社会以及人类生活造成消极影响。

近年来，江西经济发展迅速，改革开放初期至 2018 年 GDP 增长了252.7 倍，人均 GDP 达到 47719 元，人民生活水平显著提高，与此同时也吸引了大量外资，外商直投投资（FDI）数额剧增。经济的快速发展带来了巨大的环境污染问题，如在废水排放及工业固体废弃物方面，据江西省环保厅数据显示，2019 年 10 月，全省设区城市 Pl_2s 浓度月均值为 45 微克/立方米，比上年同期上升 15.4%；SO_2 浓度月均值为 18 微克/立方米，比上年同期下

降 10.0% 。由此可以看出，江西亟待加强生态环境监管，创新生态环境监管体制，大力治理环境污染，保护江西良好的生态环境。

二、江西生态环境监管制度创新的现状与困境

制度建设是生态文明建设的核心，也是中央设立国家生态文明试验区的出发点。结合地区实际，江西提出了六大制度体系的基本框架：构建山水林田湖草系统保护与综合治理制度体系、构建最严格的环境保护与监管体系、构建促进绿色产业发展的制度体系、构建环境治理和生态保护市场体系、构建绿色共享共治制度体系、构建全过程的生态文明绩效考核和责任追究制度体系。2016 年 9 月，国家层面出台了《关于省以下环保机构监测监察执法垂直管理制度改革试点工作的指导意见》。江西将环保监测与建设国家生态文明试验区相结合，坚持向创新要动力、向改革要活力，主动作为、先行先试。2017 年 12 月，江西印发环保机构监测监察执法垂直管理制度改革试点工作（以下简称垂改）方案。全省生态环境综合执法改革和流域监管体制改革等工作正在全力推进，但也存在诸多问题，面临许多困境。

（一）相关法律体系不完备

在依法治国方略指导下，对照国家建设生态文明、加强环境保护的要求，江西环境保护领域尚存在环境保护法律体系不够完备、环境保护重点领域立法空白、环境保护法律制度不够严格等问题。2015 年实施的新《环保法》虽然在制度、机制上有所创新，但立法层级仍然较低，使新《环保法》和其他专项法律（《森林法》、《草原法》、《水法》等）联系不强。此外，新《环保法》虽加强了生态环境保护的规定，但对污染防治的规定仍较少且缺乏具体举措，较大程度影响生态环境监管效果。因此，在当前和今后一个时期，环境保护领域需要制定与其他专项法律相衔接的法律，系统构建环境保护领域法律规范体系。

（二）部门间缺乏有效的联动机制

生态环境监管具有统一性和协调性，但对生态环境监管负有职责的有环保部与其他行政主管部门（林业部、农业部、自然资源部等），因此部门间存在职能重叠的问题，导致在生态环境监管工作中存在扯皮、缺位、越位或推诿等现象。虽然国家层面建立了环境保护联席会议机制，但是不具备法律效力，在环境保护协调方面作用有限。部门间监管职能、监管力量、执法主体的分散，使生态环境监管不到位，从而弱化了生态环境行政监管能力。

（三）社会公众参与监管不足

生态环境监管要发挥社会公众的作用，将政府、企业和社会公众三者结合起来。社会公众是生产、生活最直接的参与者，也是生态环境感知最敏感者。社会公众的参与能够弥补政府行政手段的不足，降低政府监管成本；同时社会公众的参与可以监督政府部门在生态环境过程中的执法不公、选择执法、寻租执法等行为，使生态环境监督真正落到实处。

（四）生态环境综合执法推进较困难

一方面，多年来生态环境执法有关部门之间缺乏协调，各自为政的观念根深蒂固。加之，管理和执法分开，改革涉及部门利益的调整，少数职能部门参与的积极性不高，如果没有顶层制度安排，整合难度较大。另一方面，由于体制发生变化，县级政府对生态环境综合执法队伍整合到环保部门积极性不高。

三、江西生态环境监管制度创新的实践与探索

（一）全域生态环境监管体系

1. 林长制

江西是南方重点集体林区和重要生态屏障。全省现有林地面积 1.61 亿

亩，占国土总面积的 64.2%；森林覆盖率 63.1%，居全国第 2 位[①]。绿色生态是江西最大财富、最大优势、最大品牌。建设好、巩固好、保护好江西来之不易的绿水青山，是党中央、国务院和省委、省政府对深入推进江西国家生态文明试验区建设提出的重要要求，也是维护江西国土生态安全、满足人民日益增长的优美生态环境需要的根本路径。

2016 年，抚州市率先在全国实施"山长制"，随后，武宁县在全国率先实施"林长制"，取得了成功经验，产生了良好的影响。为全国落实保护发展森林资源目标责任制、压实党政领导干部责任开好头、起好步，在总结抚州市"山长制"、武宁县"林长制"基础上，2018 年江西省委、省政府决定在全省全面推行林长制，出台了《关于全面推行林长制的意见》。全面推行林长制，这是江西全域生态环境监管的创新举措，同时也是江西推进国家生态文明试验区建设的重要内容。

（1）加强生态保护红线管控。为确保生态划得实、守得住、可持续，建立了事前严防、事中严管、事后奖惩的生态保护红线全过程监管体系。严格林地用途管制、森林采伐限额管理、野生动植物管理等；加强征占用林地管理、天然林和公益林保护、生物多样性保护等；推进林业产业结构调整，大力发展林下经济，提升森林经营水平，实现江西生态保护红线立体管控和可持续。

（2）创新管理机制。设立"五级林长制"，确保每块林地都有护林员负责管理，建立了森林资源网格化管理体系；设立"多员合一"制度，整合基层管理力量，破解"九龙治水"困局，实现生态环境立体式监管。

（3）强化监管手段。鼓励支持重要生态区域（森林公园、国有林场、自然保护区等），探索建立"互联网＋"森林资源实时监控网络；采用卫星遥感技术，对森林进行常态化监控和督查，及时掌握森林资源动态变化，以便快速发现问题并作出处理；此外，不断加强执法队伍建设，充实森林资源监管力量，打击破坏森林资源违法犯罪行为。

（4）完善监测体系。为完善监测体系，为开展领导干部自然资源资产离任审计、生态环境损害责任追究、自然资源资产负债表编制等提供基础数据，不断加强森林监测队伍建设，提高监测效率和数据的准确性，逐步建成全省森林资源管理"一张图"的动态监测体系。

---

① 资料来源：凤凰网（http://jx.ifeng.com/a/20180903/6854952_0.shtml）。

2. 河长制

江西水系发达，河湖众多，全省流域面积 10 平方千米及以上河流有 3771 条，流域面积 50 平方千米及以上河流有 967 条；常年水域面积 1 平方千米及以上天然湖泊 86 个。江西省多年平均降水量 1638 毫米，居全国第 4 位。全省水功能区水质达标率常年稳定在 80% 以上，高于全国平均水平，但也存在着河湖污染等问题。强化河湖管理保护对于大力推进全省生态文明建设，实现经济社会可持续发展有着十分重要的意义。

（1）升级工作思路，推进流域生态综合治理。2017 年出台的《关于以流域生态综合治理为抓手打造河长制升级版的指导意见》中提出要以流域生态综合治理为抓手，统筹推进流域水资源保护，实现生态与富民双赢。以流域为单元，打造山水林田湖草生命共同体，并且将流域内的各职能部门（水利、环保、林业等）形成合力，推动流域综合治理。2018 年全省确定了流域生态综合治理的示范流域或河段 130 条，373 个流域生态综合治理项目，总投资高达 388 亿元。

（2）优化完善机制，筑牢河长制的"四梁八柱"。建立了河长制省级会议制度、督察制度、工作考核办法和表彰奖励办法等 7 项制度，涵盖了督查、考核、奖惩等方面，筑牢了保障河长制有序运转的"四梁八柱"。进一步完善考核机制，江西将河长制工作考核纳入省政府对市、县科学发展综合考评体系和生态补偿机制，并将各级河长履职情况作为领导干部年度考核述职的重要内容。

（3）强化部门协作，逐步形成共同治水的合力。建立"五级组织联动"的河长制组织体系。实行党政同责，创新"民间河长"、"企业河长"，在基层村组（社区）设立专管员或巡查员、保洁员。2018 年全省完成整治 26 个黑臭水体，完成比例为 81%，完成农村环境综合整治任务 715 个，并深入推进畜禽养殖污染防治。

（4）夯实能力基础，探索创新工作模式。省、市、县、乡均成立河长办。率先在全国设立省河长办专职副主任，省编制批复在水利厅设立省河长制工作处，10 个设区市、80 个县（市、区）河长办专职副主任配备到位；编制完成《江西省河湖名录》并对外公布，推动落实"一河（湖）一档"、"一河（湖）一策"；加快推进省级河长制河湖管理信息平台建设。2018 年，安排财政资金 2 亿元，用于支持、引导各地开展流域生态综合治理；加大河长制宣传力度，编制了河长制中小学生河湖保护教育读本，创新推进市县两级河长制进党校；积极探索河湖管护体制机制创新。省水利厅和全省 11 个设区市水行政主管部门与检察院建立生态检察室。

（二）环境资源审判机制

保护生态环境，治理环境污染，法治不可缺少。江西省法院全面贯彻落实创新、协调、绿色、开放、共享五大发展理念，充分发挥审判职能作用，不断回应人民群众对司法公正的期待。通过加大涉及环境资源案件的司法处置力度，加强环资审判能力建设，完善生态修复性司法多元参与机制等切实维护了人民群众环境权益和环境公共利益，在推进生态文明建设中发挥了不可替代的作用。

1. 抓好执法办案第一要务，依法审理生态环境资源案件

坚持严格执法，依法惩处污染环境、破坏资源等犯罪，妥善处理各类环境资源民事纠纷，监督、支持环境资源行政主管部门依法行政，2017 年以来，全省法院共受理环境资源案件 2486 件，审结 2318 件①。

（1）坚持宽严相济刑事政策，依法打击环境资源刑事犯罪。充分发挥环境资源刑事审判职能，依法保障自然资源和生态环境安全。共审理环境资源刑事案件 1360 件，审结 1277 件。依法惩处违法排放有毒有害物质污染环境的犯罪，审结污染环境罪案件 55 件，保障人民群众环境健康权益。依法严格保护天鹅、红豆杉等江西珍稀动植物资源，严惩非法猎捕、采伐、运输、收购珍贵、濒危野生动植物及制品等犯罪，联合公安、检察机关制定《刑事案件基本证据标准指引》，明确了多发、常发的破坏资源犯罪案件证据标准。依法严格保护江西省丰富的矿产资源，制定《非法采矿罪、破坏性采矿罪定罪数额标准》，降低入罪门槛，加大刑罚威慑力度，严惩生态环境资源渎职犯罪。

（2）坚持损害担责原则，保护环境资源民事权益。坚持损害担责、全面赔偿原则，追究污染环境、破坏生态和自然资源者的民事责任，促进生态环境改善和自然资源合理开发利用。共受理各类环境资源民事案件 716 件，审结 643 件。其中，审结大气、水、土壤等环境污染损害赔偿案件 25 件，省法院审理的一起大气污染纠纷案判决书被最高人民法院评为环境资源民事裁

---

① 资料来源：江西人大新闻网．江西省高级人民法院关于生态环境资源审判工作情况的报告［EB/OL］．http：// jxrd. jxnews. com. cn/system/2018/08/03/017050616. shtml.

判文书一等奖，并入选 2017 年全国环境资源审判十大典型案例。依法审理涉自然资源开发利用纠纷案件，树立保护优先的理念，审结采矿权、土地使用权、农林渔牧承包等纠纷案件 458 件，促进资源开发利用与环境保护相统一。

（3）坚持监督与支持并重，妥善处理环境资源行政案件。支持、督促行政机关依法履行职责，有效防治污染。共受理各类环境资源行政案件 410 件，审结 398 件。其中行政机关胜诉 266 件，撤销、变更、确认行政行为无效、违法 65 件。

（4）加强工作指导，有序推进环境公益诉讼审判。妥善审理公益诉讼案件，引导公众有序参与生态环境保护，弥补行政执法手段不足。共受理环境公益诉讼案件 20 件，审结 6 件，除 1 件调解结案，均支持了起诉请求；畅通社会组织提起公益诉讼渠道，构建相应诉讼配套机制，受理社会组织提起的环境民事公益诉讼 6 件，审结 4 件；依法审理检察机关提起的公益诉讼案件，加强沟通协调，在法律框架范围内创新、完善工作方式。共审理检察机关提起的环境民事公益诉讼案件 1 件，环境行政公益诉讼案件 5 件，环境刑事附带民事公益诉讼案件 8 件。

2. 加强联动机制建设，积极融入生态环境资源保护多元共治格局

（1）主动接受江西省人大、政协监督。积极参与生态立法工作，通过参与座谈、反馈意见等方式，对《江西省湖泊保护条例（草案）》等提出修改意见和建议。与江西省政协开展环境资源司法保障联合调研，为政协委员参政议政提供第一手资料。认真听取"两会"代表委员对环境资源审判工作的意见和建议，拟定落实方案，逐人逐条回复。

（2）加强与相关部门的工作联系。就生态环境公益诉讼、环境损害赔偿、环境损害司法鉴定等问题，加强与检察、环保、司法行政机关的联络沟通，推动建立健全相关制度。积极落实与江西省检察院、省公安厅、省环保厅联合出台的相关文件，不断完善协作机制，形成打击生态环境违法犯罪的合力。

（3）加强司法建议工作。为推进环境治理，针对在环境资源案件审理中发现的问题，及时向有关部门提出司法建议或法律意见。对可能涉及行政违法的，建议相关部门及早干预，防患于未然。

（4）建立多元化纠纷解决机制。为环境资源纠纷的解决提供多元化的选择，积极对接非诉纠纷解决机制。积极邀请当地组织参与案件调解，充分利

用社会资源，促进纠纷实质性化解。

3. 加强工作创新，推动生态环境资源审判工作规范化建设

（1）积极推进案件归口审理。下发《江西省环境资源案件案由范围（试行）》，明确了环境资源案件 84 个案由。落实《国家生态文明试验区（江西）实施方案》，推进环境资源民事、行政、刑事案件归口审理模式，全省已有 26 家法院实现了"三合一"或"二合一"审理。

（2）大胆探索恢复性司法。在办理滥伐林木、非法捕捞等犯罪案件中，适用"补种复绿"、"增殖放流"、"护林护鸟"等修复性判决方式，或者将修复情况作为量刑情节，督促被告人主动修复受损的生态环境。设立环境资源修复基地和环境资源修复公益资金账户，为修复性判决履行创造条件。积极适用禁止令制度，武宁县法院为全国第一个将禁止令引入环境资源审判范畴。

（3）设立司法实践和理论研究基地。江西省人民法院在九江市中院等 12 家法院设立"环境资源司法实践基地"，在江西理工大学设立"环境资源司法理论研究基地"，鼓励基地加强环境资源司法理论和实践探索。九江市中院人民法院还被最高法院确定为全国第二批环境资源司法实践基地。目前，司法实践基地已形成了一些富有特色的做法。如铜鼓县法院为解决涉案红豆杉处置难题，成立专门的红豆杉生态博物馆，在全国范围内系首创。江西省人民法院、九江市中院人民法院、永修县人民法院三级法院在吴城镇共同成立生物多样性司法保护基地，在全国尚属首例。

（4）加强典型案例指导。江西省法院收集了 44 个具有典型意义的案例，编辑出版《江西省生态环境司法保护典型案例选编》。同时，要求全省法官学习最高法院公布的生态环境资源审判典型案例，为审判工作提供参考借鉴。

4. 加强宣传工作，提升社会公众生态环境资源保护意识

（1）召开新闻发布会。截至目前，江西全省各级法院共召开生态环境资源审判新闻发布会二十余次，发布权威审判信息，宣传法律政策，回应社会关切。江西省人民法院在 2017 年、2018 年的"6·5"世界环境日均召开了新闻发布会，通报工作情况，发布典型案例。2018 年 6 月，江西省法院首次发布《江西环境资源审判白皮书》，全面总结回顾了党的十八大以来江西生态环境资源审判工作的成效。

（2）加强与主流媒体沟通。2017 年以来，中央电视台、新华社、《人民

法院报》等国家级媒体先后对江西省生态环境资源审判工作报道了二十余次。2018年3月7日，中央电视台《今日说法》栏目两会特别节目第一期"为了青山绿水"，专题报道了江西生态环境资源审判工作。

（3）开展普法宣传。依托审判工作，通过主题宣传、巡回审判等形式，宣传破坏生态环境的危害性，告知环境违法犯罪行为的法律后果，让保护环境、绿色发展的观念深入人心。

5. 推进生态环境资源审判专门化建设，加强组织和人才保障

（1）推进专门审判机构建设。设立专门机构是实现生态环境资源审判专门化的核心。2017年3月30日，江西省人民法院环境资源审判庭正式分立，以此为契机，按照确有需要、因地制宜、分步推进的原则，推动建立专门化审判体系。截至目前，全省共有14家法院成立了环境资源审判庭，70家法院设立了环境资源合议庭，2家设立环境资源巡回法庭，另设立3个生态旅游法庭。

（2）加强专业队伍建设。根据工作需要，调整充实力量，培养适应归口审理模式需求的环境资源专业化审判队伍。目前，全省已有环境资源审判人员300余人；加强业务培训，2017年联合江西理工大学环境资源法研究会举办全省首期专题业务培训班，并选送了一批人员参加最高法院举办的专题业务培训班。

（3）建立审判专家智库。针对环境资源案件专业性强的特点，邀请相关专家参与审判工作。出台《环境资源案件专家咨询委员工作规则》，通过邀请专家出庭、担任人民陪审员、参与案件调解、执行回访监督、开展培训等方式，充分发挥专家作用。目前，江西省法院已聘请环境资源各类专家26人，全省法院聘请专家近百人。

（三）生态检察机制

检察力量沉下去，绿水青山靓起来。江西省人民检察院于2015年8月部署开展为期一年的"加强生态检察，服务绿色崛起"专项监督活动，在全国检察机关率先提出"生态检察"，确立了"立足检察职能，参与综合治理，注重凝聚合力，服务生态文明"的工作思路，将生态环境司法保护工作摆在全省检察工作突出位置。2016年9月接力部署开展"生态检察工作深化年"活动，着力夯实生态检察的理论和实践基础。2017年8月召开全省检察长座谈会进行全面总结，进一步推动生态检察工作常态化、专业化、制度化、规

范化发展，努力为江西建设国家生态文明试验区贡献积极的检察力量。

1. 立足检察职能，为生态文明建设提供司法保障

依法打击破坏生态环境资源刑事犯罪。注重对重点生态功能区、生态环境敏感区和生态脆弱区的司法保护，打击盗伐滥伐林木、非法采矿以及污染水源、大气、土壤等破坏生态环境资源犯罪活动。为排除基层办案阻力，提升打击震慑力度，江西省人民检察院专门挂牌督办 10 起破坏生态环境资源犯罪案件，指导下级检察院及时介入侦查、引导取证，依法快捕快诉，案件所涉犯罪人员均受到法律惩处。紧盯破坏生态环境资源犯罪案件立案、侦查等重点环节，依法纠正环境监管领域有案不移、有案不立、以罚代刑等问题。

坚决查办生态环境资源领域职务犯罪。坚持无禁区、全覆盖、零容忍打击生态环境资源领域职务犯罪。2015 年以来，共立案侦查生态环境资源领域职务犯罪案件 763 件，其中贪污贿赂犯罪 546 人，渎职侵权犯罪 217 人。严肃查处生态环境资源监管中的职务犯罪窝串案，鹰潭市检察机关排除阻力，一举查办了 5 年未破案的 770 余亩阔叶林被盗伐滥伐系列案件，查处涉嫌盗伐滥伐林木犯罪 13 人，涉嫌渎职犯罪 4 人。建立健全重大环境污染破坏事件同步介入调查机制，深挖事故背后的职务犯罪问题，以实际行动积极回应群众呼声。

强化对生态环境资源民事行政案件的法律监督。充分发挥民事行政检察监督职能，综合运用抗诉、检察建议、支持起诉等多种手段，促进相关职能部门和执法人员依法履行生态环境监管和保护职责。截至 2018 年，全省检察机关共办理生态环境资源领域民事诉讼和行政诉讼案件 947 件。其中，提出督促履行职责检察建议 840 件，采纳率 80.4%；向法院发出执行监督检察建议 48 件，采纳率 83.3%；检察机关提出刑事附带民事诉讼 26 件，支持有关单位提起诉讼 15 件。2017 年 6 月 27 日全国人大常委会作出修改民事诉讼法和行政诉讼法的决定后，全省检察机关把提起公益诉讼作为加强生态检察工作的重要抓手，推动解决生态环境突出问题。2017 年 7 月至 10 月，共收集生态环境资源领域公益诉讼案件线索 176 件，占线索总数的 88%，发出诉前检察建议 61 件，相关行政机关依法履行职责纠正违法 21 件。

大力开展对各类破坏生态环境资源行为的专项监督。针对全省生态环境资源保护存在的普遍问题，全省检察机关主动跟进江西省委、省政府部署开

展的"净空、净水、净土"行动，集中力量查办了一批环境监管失职案及污染大气案件，督促相关职能部门加大对长江、赣江、鄱阳湖等重点河湖流域生态系统的环境保护，推动治理了城市黑臭水体、工业废料超标排放、畜禽养殖污染等"老大难"问题。针对区域性突出问题，各地检察机关围绕地方党委、政府工作部署，因地制宜开展了一系列专项监督活动。

2. 参与综合治理，提升生态环境司法保护效果

注重推动经济发展与环境保护并进的可持续发展。聚焦重点行业以及重大项目建设中的环境风险，依托预防调查、检察建议等措施积极参与污染治理和同步防控，确保项目建设顺利进行，实现经济发展与公共利益双赢。聚焦重大生态工程这个关键，围绕环境修复项目实施、工程施工建设、环保专项资金使用等重点环节开展专项监督，确保促进环境保护与修复、优化生态功能、实现可持续发展的建设目标。

深入践行恢复性司法理念，注重探索修复模式。江西各地检察机关积极探索在水、森林、矿产等资源领域的生态司法和修复模式。一方面，严厉打击破坏环境资源的犯罪活动，并通过补植复绿、增殖流放以及替代性修复等方式修复生态环境，实现办理一个案件修复一片生态的司法保护效果。另一方面，对已办理的案件，采取不定期专项检查，监督相关部门复核修复效果，避免生态修复补偿流于形式。

大力营造预防与宣传并举的生态环境司法保护氛围。一是开展生态环境保护专题预防和警示教育活动，结合办案中发现的问题，开展多种形式的专题预防和警示活动，从源头打击了生态环境破坏事件的发生。二是宣传方式多样化，采用电视广播、微博、微信公众号等新媒体，通过新闻发布会、宣讲小组、案发地组织公开庭审等方式，普及生态环境保护的法律法规知识，增强群众生态法治观念。三是加强生态检察基地建设，展示生态检察的成果、成效，提高群众对生态检察的认同感。

3. 注重凝聚合力，构筑保护生态环境资源立体防线

加强生态检察内部机制建设。江西省检察院先后制定出台深入推进生态检察工作的"12 条指导意见"，形成了"捕诉监防"一体化的生态检察工作格局。通过定期召开推进会、编发专刊、发布指导案例、开辟内网专栏等形式，进一步明确工作举措，理顺内部衔接，规范办案流程。为确保办案质量和效果，采取督办、领办和参办等方式，对下级办理难度大、干扰多的案件进行业务指导。

加强生态环境资源保护外部协作。江西省检察院及时总结分析全省生态环境资源领域的发案特点和规律，查找管理、制度等方面存在的漏洞。2015年以来，全省各级人大常委会听取同级检察机关专题汇报生态检察工作139次，组织专项视察150次，有力地支持和推动了生态检察工作深入开展。畅通生态环境资源保护领域行政执法和刑事司法衔接渠道。江西省检察院通过主动走访调研、牵头召开联席会议等形式，与相关职能部门定期互通生态环境保护领域执法司法情况，加强日常联系协作，形成生态环境保护合力。

加强跨区域生态司法保护协作。为破解跨区域污染治理和办案难题，江西省人民检察院承办鄂湘赣三省检察机关服务长江中游城市群建设第三次联席会议，将生态检察工作确定为会议主题，推动出台了《鄂湘赣三省检察机关关于加强生态检察区域协作服务和保障长江中游城市群生态文明建设的意见》，探索建立跨区域环境污染案件会商、联席会议、情况通报、线索移送、司法联动等生态检察异地协作常态化机制，明确了生态检察异地信息共享、交流培训等制度，共同发力推进生态环境司法保护，形成惩治和预防跨区域生态环境犯罪工作合力。

近年来，全省检察人员立足检察职能服务和保障生态文明建设的意识不断增强，绿色发展理念进一步树立，生态检察工作力度持续加大，得到了最高人民检察院、江西各部门主要领导充分肯定和社会广泛认可，相关经验在2016年召开的全国社会治安综合治理创新工作"南昌会议"上作了专门介绍，《人民日报》等主流媒体多次予以专题报道，"生态检察"已成为江西检察工作对外展示的一张靓丽"名片"。

四、本章小结

生态环境问题已经成为制约我国社会经济发展的重要影响因素，而生态环境监管体制的进一步完善是解决我国生态环境问题的重要方式和途径。当前我国的生态环境监管体制在监管主体上以政府为主，在监管对象上以生产者为主，监管手段上以行政监管为主。本章结合江西生态环境监管制度创新的现状与困境，从全域生态环境监管体系、环境资源审判机制、生态检查机制等方面，介绍了江西生态环境监管制度创新的实践与探索，对江西完善生态环境监管制度，进一步深入推进生态文明试验区建设具有重要意义。

在全域生态环境监管方面：一是在全国率先实施林长制。江西从加强生态保护红线管控、创新管理机制、强化监管手段、完善监测体系等方面构建"立体式"监管体系，确保江西森林资源有增无减；二是创新实施河长制，打造河长制升级版。其创新主要体现在推进流域生态综合治理、优化完善机制、强化部门协作、探索创新工作模式等，使江西河湖和生态环境显著改善，生态价值进一步凸显。

在环境资源审判机制方面，江西 105 个基层法院实现环资审判机构全覆盖；积极探索跨区划环境资源法庭建设，形成地域管辖与流域（区域）管辖相结合的机构组织体系，以统一环境资源审判司法理念和裁判尺度，加大对生态环境的保护；积极推进案件归口审理、大胆探索恢复性司法、设立司法实现和理论研究基地、加强典型案例指导等，切实维护人民群众环境权益和环境公共利益。

在生态检察机制方面，江西立足检察职能，依法打击各种破坏生态环境的违法犯罪活动，为生态文明建设提供司法保障；参与综合治理，注重推动经济发展与环境保护并进，营造预防与宣传并举的生态环境司法保护氛围，提升生态环境司法保护效果；注重凝聚合力，加强生态环境保护内部机制建设和外部协作，构筑保护生态环境资源"立体防线"。

第八章
江西生态补偿机制创新与实践研究

一、生态补偿机制创新的理论分析

随着生态环境破坏的加剧和生态系统服务功能的研究，使人们更为深入地认识到生态环境的价值，并成为反映生态系统市场价值、建立生态补偿机制的重要基础。生态补偿（Eco - compensation）是以保护和可持续利用生态系统服务为目的，以经济手段为主调节相关者利益关系，促进补偿活动、调动生态保护积极性的各种规则、激励和协调的制度安排。尽管已有一些针对生态补偿的研究和实践探索，但尚没有关于生态补偿的较为公认的定义。综合国内外学者的研究并结合我国的实际情况，对生态补偿的理解有广义和狭义之分（陈锦其，2010；尤海涛，2019）。广义的生态补偿既包括对生态系统和自然资源保护所获得效益的奖励或破坏生态系统和自然资源所造成损失的赔偿，也包括对造成环境污染者的收费。狭义的生态补偿则主要是指前者。从我国的实际情况来看，由于在排污收费方面已经有了一套比较完善的法规，急需建立的是基于生态系统服务的生态补偿机制，所以本书采用了狭义的概念。

二、江西流域生态补偿的实践与成效

（一）江西流域生态补偿机制探索

江西是长江中下游地区重要水源地，也是为粤港供水的东江流域上游重要的水源涵养地。其中，鄱阳湖流域占全省辖区面积的97%，全省5条主要河流全部汇入鄱阳湖，调蓄后经湖口汇入长江，流域具有完整的生态系统。保护好鄱阳湖"一湖清水"，探索建立流域生态保护机制，对保障长江中下游和东江流域水生态安全具有重要意义。为推动流域水生态环境保护，2015年11月，江西省人民政府出台《江西省流域生态补偿办法（试行）》、《江西省流域生态补偿配套考核办法》，覆盖鄱阳湖、东江源、湘江及长江干流100个县（市、区），整体推进全省全境生态补偿的实施。2018年1月，为加快推进江西国家生态文明试验区建设，建立合理的生态补偿机制，加强江西省流域水环境治理和生态保护力度，不断提升水环境质量，保障长江中下游水生态安全，江西省人民政府印发《江西省流域生态补偿办法》。[①]

（二）江西流域生态补偿机制的成效

经过近年来的改革实践，江西成为流域生态补偿覆盖范围最广、贫困地区补偿资金筹集量最大的省份，在实现生态优先、绿色发展、推进生态文明建设方面取得初步成效。[②]

1. 政府主导，多方筹资

把流域生态补偿与绿色发展、国家生态试验区建设、赣南苏区振兴发展等有机结合，采取中央财政争取一块、省财政安排一块、整合各方面资金一块、市县财政筹集一块、社会与市场上募集一块等方式，探索多渠道筹集生态补偿资金。2016年首期筹集补偿资金20.91亿元。

---

①②　江西省人民政府关于印发江西省流域生态补偿办法的通知［R］. 江西省人民政府公报，2018 - 03 - 08.

2. 创新资金分配办法

在保持国家重点生态功能区各县转移支付资金分配基数不变的前提下，采用因素法结合补偿系数对流域生态补偿资金进行两次分配，选取水环境质量、森林生态质量、水资源管理因素，并引入"五河一湖"及东江源头保护区、主体功能区、贫困地区补偿系数，通过对比国家重点生态功能区转移支付结果，采取"就高不就低，模型统一，两次分配"的方式，计算各县（市、区）生态补偿资金。按照水环境质量（权重40%）、森林生态质量（权重20%）、水资源管理（权重40%）等因素，引入"五河一湖"及东江源头保护区、主体功能区补偿系数测算，对流域生态补偿资金进行分配。

3. 强化跟踪问效

各市县对分配的补偿资金统筹安排主要用于生态保护、水环境治理、森林质量提升、水资源节约保护和与生态文明建设相关的民生工程。对补偿资金使用加强监管，对发生重大以上级别环境污染事故或生态破坏事件的市县，扣除当年补偿资金的30%～50%，所扣资金纳入次年全省流域生态补偿资金总额。

4. 探索多元补偿模式

支持流域中下游地区与上游地区、重点生态功能区建立协商平台和机制，鼓励采取对口协作、产业转移、人才培训、共建园区等方式加大横向生态补偿实施力度。探索从社会、市场筹集资金，扩大补偿资金来源渠道，建立生态基金，形成多元化的生态补偿模式。结合环境税费改革，推进排污权交易、水权交易等市场化的补偿方式。

三、江西湿地生态补偿的探索与实践

2013年江西建立了以鄱阳湖为中心国家级湿地生态补偿试点。2014～2017年，国家连续4年安排中央财政湿地生态效益补偿补助资金共9000万元，支持鄱阳湖国际重要湿地开展湿地生态效益补偿试点工作。累计补偿面积29.5万亩，实施社区生态修复和环境整治项目266个，惠及鄱阳湖当地群众14万人。

（一）江西湿地生态补偿试点

1. 局部试点

南昌市新建区被列入首批国家湿地生态补偿试点县，2014 年和 2015 年分别获得财政部门发放的湿地生态补偿资金 670 万元和 420 万元，对鄱阳湖湿地自然保护区及其周边 1 千米内，由于对候鸟迁徙路线的重要湿地进行维护或对鸟类野生动物保护造成损失给予一定范围补偿等。补偿金范围包括因农作物损失补偿，以及因保护湿地遭受损失或受到影响的湿地周边社区（村、组）开展生态修复、环境整治方面的支出。对于农户的补偿，新建区政府按照每亩 56 元补偿标准，用于沿湖村民农作物受损补偿，补偿面积达 29498.51 亩，补偿资金人口共计 10848 人；对于社区的补偿，社区生态修复和环境整治实行项目申报制，每个社区可提报 1 ~ 2 个项目，每个项目总投资控制在 30 万元内。新建区由于湿地生态补偿成绩突出，获得国家林业局奖励资金 500 万元，用于继续支持湿地生态环境保护和补偿工作。目前为止，鄱阳湖湿地恢复面积 500 余亩，其中恢复湿地植被 50 万亩以上，治理五河入湖口湿地 30 万亩。

2. 扩大试点

2019 年 1 月 3 日，江西省林业局出台了《江西省鄱阳湖国家重要湿地生态效益补偿资金管理办法》，规定鄱阳湖国家重要湿地生态效益补偿补助，主要用于对候鸟迁徙路线上的重要湿地因鸟类等野生动物保护造成损失给予的补偿支出。补助范围包括鄱阳湖国家重要湿地周边的南昌、进贤、新建、都昌、湖口、永修、德安、共青城、庐山、柴桑、濂溪、余干、鄱阳、万年和东乡 15 个县（市、区）。具体湿地生态补偿为三类。[①]

（1）针对耕地承包经营权人受损的补偿，用于鄱阳湖重要湿地周边不超过 5 千米范围内，因保护候鸟等野生动物而遭受损失的基本农田及第二轮土地承包范围内的耕地承包经营权人。补偿对象须支持、配合湿地和候鸟保护工作，无破坏湿地和非法猎捕候鸟的违法记录。补偿标准根据受损耕地面积多少，原则上按照每亩 80 元的标准补偿，项目县政府可根据耕地受损程度及当年获得资金补偿额度等因素适当调整，调整幅度不得超过 30%。

（2）面向社区生态修复和环境整治的补偿，用于鄱阳湖重要湿地周边不

① 江西省林业局. 江西省鄱阳湖国家重要湿地生态效益补偿资金管理办法［R］. 2018 - 12 - 31，http：// www. jiangxi. gov. cn/art/2019/4/1/art_ 5246_ 678563. html.

超过 5 千米范围内，因保护湿地和鸟类等野生动物而遭受损失或受到影响的社区（以村民小组为单位），开展社区绿化、垃圾无害化处理、改水、改厕、改路等环境改善项目及候鸟栖息地恢复、乡村小微湿地打造等建设内容，列入补偿范围的社区须长期支持和配合湿地和候鸟保护工作。补偿标准，社区生态修复和环境整治补偿，以乡（镇）为单位，由项目县级林业主管部门组织符合条件的社区结合自身特点和需求，按先急后缓原则组织实施，每个项目总投资控制在 50 万元以内。

（3）对湿地管护者的补偿，对承担鄱阳湖国际重要湿地保护任务的鄱阳湖国家级自然保护区管理局给予补助，主要用于开展湿地保护与恢复项目，包括监测监控设施设备购置、巡护道路维护、退化湿地恢复、湿地资源调查和监测等支出，以及聘用临时管护人员所需的劳务费用等。

（二）江西湿地生态补偿存在的问题

1. 相关的法律体系不完善导致湿地生态补偿机制难落地

我国当前湿地生态补偿整体立法落后于实践。尽管国务院和有关部门出台了一些规范性文件和部门规章，很多地方也颁布了湿地保护法规，并开展了湿地生态补偿试点，但国家湿地生态补偿条例至今仍没有出台。有关湿地生态补偿的规定森林、海洋、土地、林地等部门法律中，在内容上过于分散，法条重复交叉现象屡见不鲜，国家顶层湿地生态补偿专项立法的缺失使在实行湿地生态补偿时缺乏国家层面法源的后盾保障（刘子刚等，2015）。例如，《江西省湿地保护条例》等相关法律建立了湿地生态补偿制度，但是该条例规定过于笼统，大都属于规则性条款，对具体的内容如湿地生态补偿对象和受偿对象、湿地补偿范围、补偿方式、补偿资金来源等实际操作方面问题都没有进行明确的规定。《国家生态文明试验区（江西）实施方案》倡导江西进行湿地生态补偿机制实践与探索，但是由于江西湿地生态补偿制度仍然处于试点研究阶段，尚未形成相对健全的湿地生态补偿保障机制，补偿资金比较匮乏且补偿人员技术水平不高，这些问题使江西省湿地生态补偿制度在实施的过程中仍然存在大量问题亟须解决。

2. 湿地权属混乱导致湿地生态补偿对象难确定

湿地生态系统受季节、气候影响较明显，变动性较大，所以湿地的权属划分较为困难。当前鄱阳湖湿地没有确权，湿地权属均在乡、村，归集体所有，无法落实到个人。而且有些临湖县的湿地权属情况特别复杂，不仅存在历史插花地带，还因为农民、渔民的身份是动态的，而渔民并没有湿地的权属，如果仅按湿地面积补偿的话，他们得不到补偿（张胜和张彬，2013）。此外，鄱阳湖大大小小的子湖泊数量非常多，许多湖泊由多个自然村或行政村，甚至乡镇共同管理，各自管理的范围相互交织，有的甚至还存在纠纷，厘清湿地权属非常困难。因此，实行鄱阳湖湿地生态补偿在补助对象上无法与湿地面积一一对应。此外，湿地属于生态公共产品，享受其生态服务价值的受众难以明确的甄别，导致补偿的主客体模糊。

3. 行政分割多头管理导致湿地生态补偿权责不明

鄱阳湖湿地资源丰富，从资源种类看，存在以植物资源为主、鸟类资源为主和鱼类资源为主的保护区（湿地公园）；从行政管理看，湿地区域管理主要是省、市、县三级管理，各自拥有管理区域；从管理部门看，湿地业务管理上呈现部门多头管理，林业、农业、水利、环保、卫生、国土等部门均有管理权限，其中最主要的是林业和农业部门。林业有归省级管理的国家级湿地自然保护区 1 个，归县级管理的国家级自然保护区（湿地公园）3 个，省级自然保护区（湿地公园）4 个，县级自然保护区（湿地公园）10 个；农业有国家级水产种质资源保护区 1 个，省级水生生物自然保护区 1 个；渔政管理以省级垂管为主，省鄱阳湖渔政管理局下设 9 个分局进行管理，主要管理鄱阳湖外湖区域，而鄱阳湖内湖的渔政由当地的水产（渔政）部门管理。由于管理部门多，管理区域分割，导致湿地保护责任和生态补偿落实不到位。

4. 湿地居民利益难均衡导致湿地生态补偿难推进

鄱阳湖居民对湖泊湿地的利用方式主要有养鱼、蟹、虾、珍珠、水禽，草洲放牧、种植农作物、种树以及天然捕捞等，其中围堰养鱼、草洲放牧和天然捕捞是最普遍的利用方式（张胜和张彬，2013）。受财政政策的影响，湿地区域内的农民，除了普遍享受的新农合、新农保政策外，有老捕捞证的专业捕捞渔民还享受了石油价格补贴。由于农、牧、渔民享受现行补助标准不一致，因湿地区域不同，湿地保护措施不同，导致农、渔、牧民的损失也不一致，而且不同地区的生活水平、不同的期望值，导致居民在湿地补偿政策上的利益诉求难以均衡，很难做到让所有的利益相关主体都满意。

5. 资金来源和方式单一导致湿地生态补偿难持续

湿地生态补偿的资金均来自中央财政，资金投入不足，基本未利用市场机制。地方湿地保护和生态补偿程度受地方财力及重视程度的影响，资金没有纳入同级财政预算，没有建立长效保护机制，严重制约了湿地生态补偿工作的持续开展（刘子刚等，2015）。资金渠道单一导致湿地生态补偿试点范围仅限于林业系统管理的部分国际重要湿地、湿地自然保护区和国家湿地公园，甚至只在候鸟迁徙路线上的重要湿地开展小规模的湿地生态补偿。而且湿地生态补偿以现金补偿为主，实物补偿并不多，缺乏对退耕农民生存技能的培训以及多元化和市场化的运用。

（三）建立和完善江西省湿地生态补偿机制的对策建议

1. 明确湿地权属，建立湿地占用补偿制度

建立湿地登记制度，明确湿地权属，确定湿地资源的所有权、使用权人以及所登记湿地的具体边界，同时划定严格保护、不得占用的湿地范围，以及可以占用但必须恢复和补偿的湿地范围。遵循湿地"零净损失"原则，建立湿地占用补偿制度。国家批复的《江西省生态文明先行示范区实施方案》划定了江西省湿地面积保有量红线，即至2020年不少于91.01万公顷，明确提出湿地"零净损失"原则，所以要建立湿地总量控制及占用补偿制度，而且要明确要求不仅湿地面积不减少，湿地生态功能也不退化。[①] 湿地占用者需得到主管部门的许可，按照占补平衡的原则，在指定地点恢复至少同等面积和功能的湿地。也可借鉴湿地银行模式，湿地占用者亦缴纳湿地占用补偿费购买湿地占用指标，由主管部门委托有资质的专业机构承担湿地恢复和创建工程。由于人工湿地的生态功能不及天然湿地，主管部门应按照一定的比例设置湿地补偿率，以保持湿地功能的零净损失。

2. 扩大补偿覆盖内容和范围，补偿更多的利益受损主体

对于农民损失的湿地生态补偿，一般主要用于对候鸟迁徙路线上重要湿地因鸟类等野生动物保护造成损失给予的补偿支出，补偿对象为属于基本农田和第二轮土地承保范围内、履行湿地保护义务的耕地承包经营权人。但是鸟类等野生动物对湿地及周边造成的损失不止限于耕地，还包括其他利用方式的土地（如养殖水域、苇塘、藕塘等）（谷振宾等，2015）。所以补偿对象也就不能仅针对农作物，要拓宽到水产品、芦苇等。部分湿地保护区正在积极探索，如黑龙江兴凯湖国家级自然保护区开展了鸟类食物预留试点，并

---

① 江西划定湿地生态保护红线　力争2020年全省湿地零损失［EB/OL］．央广网，2016 – 11 – 20，http：// china. cnr. cn/news/20161120/t20161120_ 523278931. shtml.

对水产养殖损失给予了补偿。湖南东洞庭湖国家级自然保护区对补偿标准进行了精心测算，也将苇塘损失作为补偿对象（谷振宾等，2015）。总之，在允许的生产经营规模和强度下，鸟类等野生动物栖息和觅食造成的所有损失，以及生产经营主体自愿缩小经营规模和降低开发强度所损失的机会成本，都应该成为湿地生态补偿的对象。随着湿地生态补偿资金投入的增加，补偿的范围还应扩展到周边更远的区域，尽可能补偿所有因湿地保护而经济利益受损的主体，从而起到鼓励更多利益主体参与湿地保护与恢复的作用。

3. 充分发挥市场作用，拓展湿地生态补偿资金来源

生态补偿的最终效果取决于补偿资金的筹集和落实情况。湿地的公共物品属性决定了政府在补偿资金筹集和管理上的主要责任，而且湿地生态补偿资金确实主要来源于财政，但仅靠政府的投入还不足以满足生态补偿建设资金的需要，要建立长效的生态补偿机制必须有稳定持续的资金支持，所以必须建立起政府主导、市场促进、社会参与的生态补偿融资机制，多渠道筹集资金（刘子刚等，2015）。首先，按照"受益者补偿、破坏者赔偿"的原则，湿地生态补偿资金应来源于湿地保护的受益者和湿地破坏者，主要包括政府、非政府组织、企业和个人。例如，向湿地资源的利用者和污染者收取资源使用费（如水资源费）和排污费。向湿地占用者收取湿地占用补偿费，收取的资源费、排污费、补偿费等专门用于湿地保护和恢复。其次，充分发挥市场的重要作用，建立湿地补偿交易平台，成立湿地银行。湿地开发者可通过交易平台购买湿地信用，湿地补偿的专业机构也可通过交易平台卖出湿地信用，能够简化程序，提高效率，降低交易成本。最后，引导社会资本的合理介入甚至争取来自国际组织和非政府组织的支持，充分发挥社会资本的灵活性，开拓新的资金募集方式，使相关湿地保护经费水平增强，资金使用效率提高。

4. 探索现金以外的补偿方式，建立湿地生态补偿的"造血"模式

加强湿地生态保护将导致区域内部分人群就业机会的丧失（如渔民上岸），家庭经济收入的减少。采取现金补偿虽然能够弥补家庭经济收入损失，是一种"输血"型的补偿方式，但不是最有效的办法，社会失业率的增加将引发新的社会问题。因此，安置就业也许是湿地生态补偿的好方式之一。例如，可以用补偿资金发展环境友好型产业（项目），优先吸纳因湿地生态保护受影响的家庭人员就业；也可以用补偿资金对需安置人员进行职业培训，还可以对放弃湿地资源破坏而自谋生路的个体或企业给予税收等政策优惠。

让因湿地保护受影响的农民（渔民）寻找到替代生计，才是最有效的、属于"造血"型的补偿途径，同时还能加快生态区位重要地区产业转移的速度。

四、本章小结

建立生态补偿机制，是建设生态文明的重要制度保障。在综合考虑环保成本、机会成本和生态服务价值的基础上，采取财政转移支付或市场交易等方式，对生态建设者给予补偿，是明确界定生态保护者与受益者权利义务、使生态保护经济外部性内部化的公共制度安排，对于实施主体功能区战略、促进欠发达地区和贫困人口共享改革发展成果，对于加快建设生态文明、促进人与自然和谐发展具有重要意义。

本章首先梳理《江西流域生态补偿办法》的演进，从政府主导，多方筹资；创新资金分配办法；强化跟踪问效；探索多元补偿模式等方面总结了流域生态补偿办法实施的成效。其次分析江西湿地生态补偿的实践和探索，包括局部试点和扩大试点两个阶段，通过实地调研，提炼了江西湿地生态补偿实施中存在的问题，具体包括：相关的法律体系不完善导致湿地生态补偿机制难落地；湿地权属混乱导致湿地生态补偿对象难确定；行政分割多头管理导致湿地生态补偿权责不明；湿地居民利益难均衡导致湿地生态补偿难推进；资金来源和方式单一导致湿地生态补偿难持续。针对上述问题，从明确湿地权属、扩大补偿覆盖内容和范围、充分发挥市场作用、探索现金以外的补偿方式等四方面提出完善江西湿地生态补偿机制的对策建议。

第九章

江西绿色发展引导机制创新与实践研究

一、江西绿色发展引导机制创新的理论分析

党的十八大以来，习近平总书记从党和人民事业长远发展的视野，高度重视和正确处理生态文明建设的重大理论和实践问题，提出了一系列新理念新思想新战略，形成了习近平生态文明思想，为全面推进绿色发展、建设生态文明提供了重要遵循和行动指南。新时代建设中国特色社会主义生态文明，就要坚持以习近平生态文明思想为指导，牢记"绿水青山就是金山银山"的重要发展理念，注重生态产品价值实现转化，全面推进绿色发展。

制度与经济发展是互补的关系。马克思认为，制度对经济发展有重要的影响，但同时也受到经济发展的制约。这主要体现在短期和长期关系中，在短期关系中，制度变革与经济发展呈双向因果关系；在长期关系中，制度与经济发展呈互补关系。因此，绿色发展为机制创新提供了物质条件，促使了制度的动态演变。

机制创新是江西实现绿色发展的路径选择之一。绿色发展涉及部门多，包括环保、发改委、林业、水利等，当前江西已经制定了相关法律、法规和标准，筑牢了江西绿色发展的"四梁八柱"，但由于江西存在经济实力较弱、产业升级缓慢、资金和人才缺乏等问题，导致绿色发展阻碍较多，成效甚微。建立健全江西绿色发展的制度体系，是实现江西良好生态资源价值转化和推进美丽江西建设的根本保障。

二、江西绿色发展引导机制创新的现状与困境

（一）综合经济实力较弱

当前，国际国内面临的形式复杂多变，我国经济发展由高速增长转变为中高速增长，更加注重经济发展质量。江西经济基础较差，经济发展水平滞后，2018年全省生产总值21984.80亿元，全国排名第16位，中部地区第5位，与湖北、湖南、河南等省份相比仍有较大差距。从省内排名来看，2018年南昌生产总值5274亿元，位居全省首位；赣州生产总值2807亿元，位居全省第二；九江生产总值2700亿元，位居全省第三。南昌虽然位居江西省首位，但是和中部地区其他省会城市相比仍有较大差距，因此，如何做大经济总量，提升发展质量，是江西实现绿色发展必须解决的问题。

（二）产业结构生态化转型升级缓慢

近年来，江西规模以上工业增加值增速持续稳居全国"第一方阵"，产业结构不断优化。但是，在当前我国复杂多变的经济形势下，江西既面临稳增长与提质量的双重压力，也面临转动能与调结构的双重挑战。2018年，第一产业增加值1877.3亿元，增长3.4%；第二产业增加值10250.2亿元，增长8.3%；第三产业增加值9857.2亿元，增长10.3%。三次产业结构为8.6∶46.6∶44.8。江西产业结构转型升级主要面临以下问题：一是增长方式较为粗放。土地、资本和劳动力的投入占到86.7%，缺乏管理、技术等要素，粗放型的经济增长方式没有根本改善。二是产业结构不合理。多以初级产品加工为主，深加工产品比重小，且产业集群不强，规模效应不显著。三是产业发展层次不高。服务业仍以餐饮、交通物流业为主，金融、咨询、科技等发展不足。

（三）经济发展与生态环境的矛盾仍然突出

江西经济取得较快发展的同时，环境污染问题日益突出，主要表现在：

一是环境保护压力大。在水保护方面，鄱阳湖水质保护压力大，部分河段水质有下降趋势。在大气方面，部分城市 PM2.5 仍较高，发生雾霾频率和时间增加。农村污染没有有效遏制，大量化肥、农药的使用，导致土壤污染和水污染。二是发展与保护矛盾仍然突出，由于资源环境的有限性，在快速发展工业的同时，破坏了生态环境，环境容量压力大。三是生态环境监管仍然不足。在处理发展与环境保护方面，有些地方存在一手硬、一手软的现象，执法不严时有发生。

（四）资金和人才缺乏是制约瓶颈

资金和人才缺乏是江西绿色发展所面临的最大现实问题。江西是农业大省，部分市县工业基础薄弱，政府财政实力较弱，资金保障相对不足。同时绿色发展投入机制尚不完善，融资渠道少，导致项目难以推进。另外，人才缺乏。江西本土缺乏具有竞争力的高等院校，且高校毕业生就业大多去往北京、上海、深圳、杭州等一线城市，留在江西本省发展的较少，人才流失严重。江西在人才激励机制、人才储备等方面也不够完善，专业人才种类少，人才资源存在结构性短缺的问题。

三、江西绿色发展引导机制创新的实践与探索

（一）绿色金融

绿色金融是指包括绿色信贷、绿色债券、绿色基金等一系列金融工具的金融政策。绿色金融是破除绿色资金瓶颈的有效手段，也是引导绿色发展的正向激励制度安排。江西是首批国家生态文明试验区之一，生态文明建设取得明显成效，生态效益和经济效益显著提升，但由于政府转移支付和省级专项资金不足，支持生态文明建设的资金缺口仍然较大，因此需要绿色金融政策撬动资金杠杆，弥补资金缺口。2017 年，江西设立"绿色金融改革创新试验区"，并就试验区的建设提出了 10 个方面，60 项重点工作。目前，试验

区建设已取得阶段性成效。

1. 夯实绿色金融发展基础

江西为夯实绿色金融发展，采取了多项举措。一是强化政策保障。为了绿色金融改革创新提供坚强有力的政策保障，推动绿色金融建设，先后出台《江西省"十三五"建设绿色金融体系规划》、《关于加快绿色金融发展的实施意见》、《赣江新区建设绿色金融改革创新试验区实施细则》。二是强化组织领导。省政府专门成立绿色金融改革创新工作领导小组，印发《赣江新区绿色金融改革创新试验区建设重点工作》，建立台账，定期调度，协调推进绿色金融发展重大任务。三是营造浓厚发展氛围。广泛利用新闻媒体、举办高峰论坛、推介会等形式，为江西绿色金融发展营造浓厚氛围。

2. 完善绿色金融供给体系

完善绿色金融供给体系，是推进江西绿色金融建设的关键一环。一是落地一批绿色专营机构。鼓励金融机构在赣江新区设立绿色专营分支结构。目前，工商银行、建设银行、招商银行等在赣江新区设立"绿色支行"，建设银行、兴业银行等设立绿色分支机构。二是聚集一批绿色金融资源。赣江新区金融改革创新试验区至今已聚集了17家商业银行、5家保险公司、8家交易场所等各类金融机构，吸引了多业态的金融要素落户，打造赣江新区绿色金融示范街。三是培育一批新兴金融业态。省金融办与腾讯集团合作设立金融科技实验室、省股交中心在赣江新区设立绿色私募可转债中心等，构建多元化、多层次的绿色金融服务体系。

3. 提升绿色产业融资可得性

（1）扩大绿色信贷投放。支持银行业金融机构优化绿色信贷审批流程，扩大分支机构审批权限，强化考核激励手段，绿色信贷投放保持快速增长。据江西省银监局统计，2018年，全省绿色信贷余额1617.52亿元，比2017年增加210亿元，增长率为14.9%。

（2）拓展绿色直接融资。截至2018年，全省上市绿色企业达10家，在新三板挂牌绿色企业36家。省股权交易中心设立绿色板块，在全国率先通过区域性股权市场备案发行绿色私募可转债。江西银行发行80亿元绿色金融债，九江银行40亿元绿色金融债获准发行，上饶银行正在筹备发行30亿元绿色金融债。在赣江新区设立各类绿色发展基金总计达到500亿元。

（3）优化绿色保险服务。推进赣江新区绿色保险创新试验区建设，积极组建农业保险公司、中邦物流保险公司、保险经纪公司等。人保财险在赣江新区开展重点行业企业环境污染责任保险试点，投保企业实现四个组团全覆盖。开展"小贷银保通"试点、科技保险试点、建设工程综合保险试点。

4. 彰显绿色金融改革创新特色

（1）加强项目储备。引进联合赤道评级公司制定绿色项目标准，建设省级绿色产业项目库，首批入库项目达248个，其中赣江新区26个。

（2）创新绿色金融产品服务。充分调动金融机构积极性，围绕市场化和商业可持续原则，加大绿色金融专属产品研发力度。开展金融支持畜禽养殖业废弃物处置，推动九江银行研发"固废贷"等绿色信贷产品。推进绿色金融与金融科技融合，在赣江新区开展"绿色积分"创新试点。人保财险在赣江新区推出全国首单养殖饲料价格期货保险。

（3）推进要素交易平台建设。广泛学习考察，深入调研座谈，探索建立江西省环境权益交易机制，谋划搭建环境权益交易平台。推动绿色金融与金融扶贫深入融合，在赣江新区设立江西省扶贫风险保障交易中心。

（4）打造高端人才队伍。对接省"双千"计划，内部培育和柔性引进高端金融创新人才。推动金融管理部门和金融机构优秀人才到赣江新区挂职交流。依托江西银行在赣江新区成立江西人才服务银行。与省内外高校及高端智库合作筹建赣江金融学院。

（二）排污权交易机制

江西作为中部地区环境资源大省，在中部崛起的政策号召下，工业经济快速发展，生态环境受到破坏，经济与环境之间的矛盾开始变得愈加严重。江西构建排污权交易制度有利于促进产业结构调整，优化产业布局，是推进江西绿色发展的必经之路。

1. 建立排污权有偿使用制度

江西排污权有偿使用制度构建主要包括严格落实污染物总量控制、合理核定排污权、实行排污权有偿取得、规范排污权出让方式和加强排污权出让收入管理5个方面。其中，排污权总量控制是严格按照国家确定的污染物减排要求，将指标分解到基层。排污权要根据产业布局、污染物排放现状等进行核定。有偿使用分为现有排污单位和新建项目两种情况，现有排污单位在缴纳使用费后获得排污权，新建项目要以有偿方式取得。

2. 加快推进排污权交易

江西推进排污权交易主要采取以下举措：一是规范交易行为。排污权交易需在省级排污权交易平台上进行，禁止场外交易，并且参照排污权定额出让标准确定交易指导价格。二是控制交易范围。禁止火电企业、工业污染源、水污染物的排污权与之紧密相关的领域进行排污权交易。对环保信用不良、环保挂牌督办的排污单位，在完成整改之前，禁止其交易。三是激活交易市场。研究制定排污权交易的财税扶持政策，指导现有排污单位淘汰落后产能，进行清洁生产。建立排污权储备制度，探索排污权抵押融资，并鼓励社会资本参与排污权交易。四是加强交易管理。排污权交易由相应的环境保护部门负责。

3. 加强排污权监督与管理

排污权监督与管理工作涉及环保、财政、发改、金融等多个部门，环境保护部门主要负责排污权核定与分配、排污权有偿使用、排污权储备、排污权交易资格审核、排污权交易的监管。财政部门负责排污权出让收入和排污权储备资金的管理及资金使用的监督。发展改革部门负责对排污权有偿使用、排污权储备和排污权出让等价格行为。金融部门负责排污权交易场所交易行为的监管。

四、本章小结

本章首先基于创新理论和创新驱动理论，分析了机制创新和绿色发展之间的协同演化关系。理论分析结果表明：经济发展水平决定制度变革，制度与经济发展存在互补关系。其次，分析了江西绿色发展引导机制创新的现状与困境，发现江西存在综合经济实力较弱、产业结构生态化转型升级缓慢、资金和人才缺乏等问题。最后，从绿色金融和排污权交易机制两个方面，分析了江西在绿色发展引导机制方面的创新。

绿色金融是破除绿色资金瓶颈的有效手段，更是支撑生态文明建设的正向激励制度安排。江西在绿色金融方面，通过夯实绿色金融发展基础、完善绿色金融供给体系、提升绿色金融产业可得性、彰显绿色金融创新改革特色等措施，取得了显著成效，推动了江西绿色金融高质量发展。

排污权交易制度已成为当前缓解环境约束压力且较为成熟的重要制度。

江西在排污权交易制度方面，一是建立排污权有偿使用制度，合理核定排污权，规范排污权出让方式，加强排污权出让收入管理等；二是加快推进排污权交易，规范交易行为，控制交易范围，激活交易市场等；三是加强排污权监管与管理。江西排污权交易制度的建立，有利于缓解环境压力、实现社会效益和经济效益的双赢。

第十章
江西生态考评追责制度创新与实践研究

一、江西生态考评追责制度创新理论分析

改革开放以来，我国工业化和城市化进程取得显著成就，科技创新实力不断增强，但高消耗、高污染的粗放型增长方式，资源消耗型发展模式仍普遍存在，经济发展与环境保护的矛盾日益凸显。此外，由于长期以来主要用 GDP 衡量地方政府政绩，导致地方官员片面追求 GDP 的增速，而忽视了对生态环境的保护。因此，对标当前江西生态文明建设的主要目标和重点任务，实现江西经济高质量发展，亟须改变江西绩效评价与考核体系，把生态环境保护放在更加重要的位置，以保证江西经济实现高质量可持续发展。

党的十八大提出要推进生态文明建设，建立体现生态文明要求的目标体系、考核办法、奖励机制。新的《环保法》对政府、企事业单位的生态环境追责制度也做了严格要求。对违法排污企业罚款无上限，对地方官员追责终身有效。2015 年，党中央、国务院通过的一系列有关生态文明建设的文件都对生态环境考评和责任追究做了严格规定。

近年来，江西深入贯彻"绿水青山就是金山银山"的发展理念，守护江西良好的生态环境和丰富的生态资源。一是完善经济社会发展考核评价体系。把体现生态文明建设状况的指标（资源消耗、环境损害、生态效益）纳入经济社会发展评价体系。二是考核办法、奖励机制更加体现生态文明要

求，使之成为江西推进生态文明建设重要的导向。三是建立追责制度。对生态环境造成严重破坏的，追其责，且终身追责。

二、江西生态考评追责制度创新的现状与困境

生态考评追责制度是生态文明建设"四梁八柱"体系中的重要组成部分，在干部考核中也占有十分重要的位置。但从江西生态考评追责制度的实施情况来看，生态环境考评虽然较以前取得了积极进展，但仍存在不少困境，如考核指标和方法仍不清晰、考核工作形式化明显、考核缺乏操作性和规范性等。

（一）绩效考核技术方法不成熟

生态环境保护具有投入多、见效慢、效果难以量化等特点。生态环境绩效考核包括考核指标体系、考核评估方法、资产负债表编制等。绩效考核往往是短期行为，但生态环境质量破坏的影响却难以在短时间内显现出来，因此生态环境考核需要处理好考核周期的长短与时间滞后等问题。

（二）绩效考核实施落实不够

由于绩效考核存在操作不规范、考核指标不成熟等问题，导致绩效考核实施落实不够，主要表现在：一是考核对象不明确。当前生态环境绩效多考核地方党政一把手，而对其他相关职能部门的负责人考核较少，导致生态环保责任没有完全落实到人。二是考核主体定位模糊。江西生态绩效考评以企事业单位、党委或政府部门为主，考核主体不统一。三是责任追究制度不落实。江西对环保落实较差的地方领导主要进行通报或约谈，责任追究不严，法律效率不高。

（三）相关配套政策保障难以跟上

生态考评追责的配套保障政策主要有激励和惩罚措施。从当前看，生态环境绩效考核在官员政绩中占的比重越来越大，但关键的环境绩效考核和问

责没有起到真正的作用，大多流于形式。江西属于经济欠发达省份，一些地方如果因为保护生态环境而影响人民生活水平，同时又没有相关的配套保障措施，绩效考核和问责必定会大打折扣。

三、江西生态考评追责制度创新的实践与探索

（一）领导干部自然资源资产离任审计制度

2017 年，江西省委办公厅、省政府办公厅印发《关于开展领导干部自然资源资产离任审计的实施意见》（以下简称《实施意见》），要求各级党委和政府从服从生态文明建设大局、绿色发展理念的高度，从推进生态文明体制改革的高度认识开展领导干部自然资源资产离任审计工作的重要意义，探索并逐步完善审计制度，形成一套比较成熟、符合江西实际的审计规范，保障审计工作深入开展。《实施意见》对全省开展领导干部自然资源资产离任审计工作提出具体要求。《实施意见》的出台，是江西省委、省政府贯彻落实中央生态文明体制改革总体方案的重要举措，也是推进国家生态文明试验区（江西）建设的一项重要制度建设，为全面推行领导干部自然资源资产离任审计奠定了制度基础。

1. 明确审计对象

江西省自然资源资产离任审计对象主要为任职年限在 1 年以上、离任时间在 2 年以内的县（区）、乡（镇）党委和政府主要领导干部。按照"党政同责、同责同审"的原则，对县（区）、乡（镇）党委和政府主要领导干部进行同步审计。具体审计对象要根据干部监督管理权限，由审计机关与同级党委组织部确定。

2. 确定审计内容

江西依法依规确定审计内容，注意各地资源禀赋差异，突出重点资源，聚焦当地有代表性、典型性或者是管理上问题突出的自然资源开展审计，其主要审计以下内容：一是自然资源资产管理、资源节约和生态环境保护约束

性指标、生态红线考核指标、有关目标责任制完成情况；二是自然资源资产管理和生态环境保护法律法规、政策措施施行情况；三是自然资源资产开发利用保护情况；四是自然资源资产开发利用和生态环境保护相关资金征收、管理和分配使用情况，相关重大项目建设运营情况。

3. 完善评价界定责任

江西积极探索和完善审计评价，依法准确界定被审计领导干部对审计发现问题应承担的责任，依规依纪依法追究相关人员责任，同时建立审计情况通报、结果公告、整改落实、结果运用等制度，及时向有关方面反映审计结果。评价责任界定主要包括：一是确定评价方法。探索定性评价和定量评价相结合的方法，根据具体审计内容确定主要审计标准。二是遵循权责一致原则，充分考虑自然因素和生态环境质量状况变化，依法确定被审计领导干部所承担的责任。三是准确把握责任分区，把因缺乏经验、先行先试出现的失误与明知故犯区分开来，把无意过失与违法违纪行为区分开来等。

4. 强化配合审计工作

江西省市、县两级党委和政府强化领导责任，加强对本地区审计相关工作的领导，及时听取审计工作情况汇报，主动接受、配合上级审计机关审计，保障审计工作顺利开展。

（二）党政领导干部生态环境损害责任追究制度

2017 年，江西省印发实施《江西省党政领导干部生态环境损害责任追究实施细则（试行）》的通知。该实施细则的出台，有针对性地将追责对象聚焦于有决策权的党政领导干部，是督促党政领导干部在生态环境领域正确履职用权的"一把制度利剑"，同时也是一道"制度屏障"，通过明晰领导干部在生态环境领域的责任红线，从而实现有权必有责、用权受监督、违规要追究。

1. 两个清晰明确

（1）明确了适用范围。生态环境损害的范围并不仅仅只是重大环境突发应急事件，也包括了常年累计的生态环境问题。

（2）明确了责任清单。包括干预正常的环境管理工作、修改或虚构环境监测或环境统计数据，以及干扰基层正常的环境执法行为等，都要被严厉追责。

2. 三大突出亮点

一是有权必有责。凡是在生态环境领域负有职责的领导干部以及相关部门，包括内设机构、派出机构的领导人员，都严格追责。二是党政同责。相比以往主要约谈政府领导干部，江西将地方党委领导也作为追责对象，体现党委政府对生态文明和环境保护共同承担责任。三是终身追责。实行生态环境损害责任终身追究制，规定只要造成生态环境破坏，无论责任人已经调离还是退休，都要追责到底。

3. 四个追责主体

一是党政主要领导。对贯彻落实中央关于生态文明建设的决策部署不力，作出的决策与生态环境和资源方面政策、法律法规相违背，违反主体功能区定位或者突破资源环境生态红线、城镇开发边界等的情形，将追责党政主要领导。二是党政分管领导。主要包括违法审批建设项目、生态环境监管不力、造成严重环境污染等情形。三是政府工作部门领导。主要包括违法审批项目、监察不力、不按法律法规办案等情形。四是具有职务影响力的领导。主要包括干扰司法活动、插手建设项目、篡改生态监查数据等情形。

四、本章小结

本章首先结合当前国家生态文明建设和江西生态保护和生态价值转化的重任，从理论层面分析了江西生态考评追责制度创新的意义。结果表明：制度和机制是制约党政领导干部行为的决定性因素。合理的制度安排和机制可以对党政领导干部产生正面的引导作用；反之，不合理的制度安排和机制也可以对党政领导干部产生负面的激励作用。其次，从问题入手，发现江西生态考评追责制度创新存在绩效考核技术方法不成熟、绩效考核实施落实不够、法规制度安排基本空白等问题。最后，从自然资源资产负债表编制制度、领导干部自然资源资产离任审计制度、党政领导干部生态环境损害责任追究制度方面，分析了江西生态考评追责制度的创新实践。

在领导干部自然资源资产离任审计制度方面，江西从明确审计对象，确定审计内容，完善评价界定责任，强化配合审计工作等方面，创新和完善领导干部自然资源资产离任审计制度；在党政领导干部生态环境损害责任追究制度方面，江西从两个清晰明确，三大突出亮点，四个责任主体方面，实现了有权必有责、用权受监督、违规要追究，有效保护了江西良好的生态环境。

经验对策篇

第十一章
国内外创新驱动生态文明建设的
经验启示

一、科技创新驱动生态文明建设的国内外案例

（一）美国：科学技术发展与创新下的环境保护

1. 背景介绍

从 19 世纪末开始，美国相比其他的工业化国家已经出现了较为严重的环境污染现象。在 1930 年后，美国环境问题进一步恶化，各种资源都受到破坏。垃圾、污水随意排入江河湖泊，空气污浊导致酸雨频繁甚至发生了一系列影响恶劣的环境公害事件。美国政府在这种形势下意识到了保护环境的重要性和紧迫性，于 1970 年 12 月正式组建了独立的环保机构——美国环境保护局（Environmental Protection Agency，EPA）。2001 年 3 月 1 日，EPA 发表的《2000 年度报告概要和分析》中提到美国自 20 世纪 70 年代以来环境保护力度不断加大，在国民经济发展迅速，保护环境的压力与日俱增的情况下，通过一系列有效的措施和手段，使环保工作取得了惊人的进步，进一步实现了环境与经济共同繁荣发展（孙见军，2003）。

2. 主要做法

（1）设立研究与开发机构，明确研究任务。研究和开发办公室（Office

of Research and Development，ORD）是 EPA 设立的科技研究和管理部门，ORD 设立的初衷是为实现 EPA 的战略目标而进行的科学研究和技术开发，通过科学技术的研究和支持，为 EPA 制定规章程序和决策方法、评估环境状况，为认识新的潜在的环境问题提供科技基础，为支持风险决策提供信息和工具。除 ORD 外，在美国从事环境保护的机构大约有 70 多个，如一些非营利组织以及农业部、内务部、商业部、能源部等部门和大学。

（2）制订环境保护科研战略计划，确定重点研究领域。EPA 以五年为一个周期制订环保战略计划，该计划包括提出未来五年的工作目标，以及如何解决环境污染问题，使美国的环境更清洁和健康（张书军，2010）。这个计划既向公众说明了其职责，也确定了实现既定环境目标的路线。截至目前，EPA 已制订 6 个战略计划。最近的 3 个五年战略计划进行对比分析，可以发现每个战略计划在战略目标侧重点和所要达到的目标上都有细微差别（见表11-1）。其中 2006～2011 年战略计划以土地保护和恢复以及生态系统保护方面为侧重点，而 2011～2015 年和 2014～2018 年战略计划的侧重点则是转向了社区清理和可持续发展以及化学品安全和污染防治。

（3）重视环境科技的研究与开发，确立环境标准。美国的环境保护战略计划将科学研究作为其环境保护的重要目标，并分别从强化科学研究的方法和策略、人力资本、绩效测量、评估反馈、新问题分析等方面实施。除此之外，美国对系统管理和全方位控制以及环境标准研究的重视程度也不容小觑。以水环境管理为例，美国通过对最大日负荷总量进行控制来保护流域水质，根据流域水质和生态系统保护目标的不同，进行科学系统的分析以确定排污控制要求，而不是统一地对所有河流都实施同一个污染控制标准。每一项环境标准的出台都是经过了扎实的科学研究，并通过了系统的技术可行性分析和经济可行性分析。因此，很多国家包括中国在制定环境标准时也会参考美国的一些环境标准（蔡木林等，2015）。

表 11-1　美国近 3 个五年战略计划的比较

战略计划	2006～2011 年	2011～2015 年	2014～2018 年
战略目标 1	清洁空气和全球气候变化	在气候变化问题上采取行动和改善空气质量	应对气候变化和改善空气质量
战略目标 2	清洁和安全的水	保护水	保护水
战略目标 3	土地保护和恢复	社区清理和可持续发展	社区清理和可持续发展

战略计划	2006~2011 年	2011~2015 年	2014~2018 年
战略目标4	健康的社会和生态系统	化学品安全和污染防治	化学品安全和污染防治
战略目标5	法律依从和环境管理	强制执行环境法	保护环境与人体健康的法律依从和执行

（二）德国：先进的环保科技发展中的生态文明建设

1. 背景介绍

德国在20世纪70年代之前一直遭受工业和战争的双重破坏和污染，导致其生态环境受到严重破坏，环境污染的程度举世罕见。德国在治理环境污染时选择的是"先污染、后治理"的模式。1970年后，德国政府决定将废弃的工业厂区进行生态修复，并相继关停了对环境有严重污染的化工和煤炭企业。第三次工业革命之后，德国在全世界领先的环保技术、生物技术和信息技术的变革推动下，从工业化社会进入了信息化的社会，从而降低了经济发展对自然环境的破坏。经过了30年的不懈努力，德国成为了全世界生态环境最好的国家之一。科学技术在德国的生态治理过程中发挥了关键性作用，不断开发新能源，大力发展环保技术，努力开创新产业技术，加快科学技术的升级换代，促进经济结构的优化转型，确保了德国生态文明建设的顺利进行（张庆阳，2019）。

2. 主要做法

（1）利用先进的科学技术修复遭受工业和战争污染的生态环境。一方面，德国在30年的时间里，利用先进的科学技术手段，对遭受到工业化和战争的双重污染和破坏的生态环境进行修复，不仅重现了昔日的碧水蓝天，还排除了"二战"后残留在土地中的化工有毒物和重金属。另一方面，德国统一后，联邦政府为了修复洛伊纳化工区的水源和土地，投入了大量资金，并利用先进的科学技术在化工区周围修建地下大坝，将园区内落后的化工企业迁出。经过了10多年的努力，园区内的地下水虽然不能作为饮用水，但也能让植物开始存活。

（2）利用先进的科学技术对生态环境进行检测与控制。为避免生态环境悲剧再次重演，德国通过采用雷达、飞机、卫星、水下传感和地面系统等先进的科学技术建立了完善的生态监控网络，拥有了遍布全国的生态环境检测体系。例如，想要确定某个企业的排污是否会污染环境，只需要在该企业的排污口处安装录像系统和设置传感器，而参与生态环境管理和检测的人员，只需要通过网络就可以随时随地查看这些数据。

（3）利用先进的科学技术进行环境教育。德国的环境教育分为两个方面：环境专业知识和环保习惯养成教育。其中，环境专业知识的教育贯穿整个德国学历教育体系之中，从幼儿教育到高等教育。在公民幼儿阶段就开始对其进行环境教育，包括家庭垃圾分类、节约用水等环保习惯养成。鲁尔工业区是德国乃至全世界重要的工业区之一，从20世纪60年代至今，德国在鲁尔工业区内共设置了58所高等院校。这些高等院校中除了设置环境专业外，还建立有关环境教育的机构，以便定期对公民开展保护环境的培训。这有利于政府官员、普通市民、企业的技术人员和环保组织及时掌握、了解和运用环保技术与法规（刘仁胜，2008）。

（三）江苏：改革视角下科技支撑生态文明建设

1. 背景介绍

江苏正处在实现"两个率先"的攻坚阶段，经济社会发展最突出的矛盾之一便是资源环境约束加剧。"十二五"期间，江苏将"更大力度建设生态文明"列为发展的中心任务，并进一步提高生态环境指标在现代化指标体系中的权重。这对于江苏省积极探索科技支撑生态文明建设之路，构建立足于基本国情和省情又符合世界潮流的生态文明发展模式，具有重大意义。江苏处于中等收入到中等富裕的发展阶段。发达国家的历史经验告诉我们，这个阶段是经济社会发展面对生态环境的重大转型期，环境倒U形曲线出现拐点，大气污染、水质污染、绿地减少、生态恶化的问题亟须解决，这对科技支撑生态文明建设提出了更高的要求。

2. 主要做法

（1）强化生态文明建设为核心的民生科技。科技支撑生态文明建设是最大的民生科技工作。2012年，江苏省科技厅以科技支撑生态文明建设为出发点，明确提出了实施民生科技行动计划，列出了科技创新工程十大行动方案。2013年出台的《创新型省份建设推进计划（2013—2015年）》，进一步将科技支撑生态文明建设纳入创新型省份建设的六大重点任务之中，加以重点落实。2014年，省科技厅在科技创新工程拓展中将组织实施民生科技重大工程作为科技支撑生态文明建设工作的重点任务。2017年统计数据表明，江苏全省总研发投入近2000亿元，位居我国科研投资亚军；科技进步贡献率达到63%，比全国平均水平高出了近6个百分点。高新技术产业总产值超6.7万亿元，短短6年，有效发明专利数翻了7倍之多，已经超过了14万件（李青，2019）。

（2）提升生态文明建设绿色产业创新水平。在前沿绿色产业技术攻关方面，江苏省以产业技术创新为主攻方向，对世界绿色技术产业发展进行跟踪，集中力量对一批先导性前沿技术进行超前部署和突破，着力获取自主知识产权核心技术。围绕产业链部署创新链，集成实施417个重大科技成果转化项目，确保这些项目着力推动科技成果转化和产业化，聚焦地方重大需求。在生态和节能环保技术攻关方面，以循环经济、污染治理、节能减排、新能源等领域为重点，对高等院校、科研单位和企业开展联合攻关并加快科技成果的示范应用进行鼓励和支持。目前，18个国家和省可持续发展实验区以及80个"新知识普及、新技术示范、新产品应用"的"三新"科技社区已经建成，这将不断提高绿色科技水平，推动经济社会可持续发展。在创新平台和人才队伍建设方面，围绕节能减排、新能源、资源综合利用等技术领域，重点建设国家和省重点实验室工程技术研究中心，着力培养生态文明建设方面高层次科技人才，提高科技支撑生态文明建设持续创新能力。目前全省有973计划首席科学家和国家杰出青年50多人，省杰出青年和青年科技人才1100多人。

（3）组织实施重大民生科技示范工程、大气污染防治科技示范工程。江苏省通过业主制方式，整合资源，加大投入，以达到江苏大气污染防治的技术需求，推动实施大气污染防治科技攻关和示范应用。节能降耗高效污水处理科技示范工程。2013年省政府为了推动宜兴环科园的发展，与科技部签订了《关于共同推进宜兴环保科技工业园创新发展的合作计划（2013—2015年）》，该计划提出应该集中力量提升环保科技园发展质量和水平，打造中国环保产业高地。小城镇建设科技示范工程。江苏省以小城镇建设绿色建筑技术需求为重点，开展既有建筑节能改造、节水与水资源综合利用、可再生能源建筑应用、绿色建材、提高建筑物耐久性、环境质量控制等关键共性技术研发与集成示范，建设一批低碳绿色建筑科技示范区，提高小城镇建设质量（张巍巍等，2015）。

（四）湖北十堰：科技创新支撑生态文明建设的实践

1. 背景介绍

湖北十堰是我国南水北调中线工程核心水源区和库区大坝所在地，因其位置的特殊性，十堰承载着保护"一江清水永续北方"的重大战略任务。在湖北省"两圈一带"发展战略的总体布局中，十堰是"鄂西生态文化旅游圈"的重要板块，也是国家生态安全的重要屏障，被《国家主体功能区规划》纳入秦巴生物多样性生态功能区。2014年，十堰被国家6部委列为国家生态文明先行示范区建设名单，承担着生态文明建设先试先行重任，生态文明建设在十堰城市发展定位中处于重中之重位置。"十三五"时期，国民经济发展进入一个新的发展阶段，十堰如何用科技驱动生态文明建设，成为一个亟待研究的重大课题。

2. 主要做法

（1）以规划为抓手，以生态文明建设为引领，优化科技资源配置。首先是发挥规划引领作用。在《十堰市"十三五"科技发展规划纲要》编制中，在原来以科技创新推动经济发展的基础上，新增了科技发展目标应突出生态文明建设内容。明确以科技创新支撑生态文明建设，实施创新驱动发展战略应以生态文明建设为出发点和落脚点。其次是明确生态文明科技创新的方向与重点。围绕重点行业与重要领域在节能减排、清洁生产、环境治理、绿色制造、生态农业、生态保护等方面的科技需求，组织实施重大科技专项、重大科技攻关项目和科技成果转化项目，取得一批具有自主知识产权的生态文明建设科技成果。最后是优化科技资源配置。在"十三五"科技规划中突出生态科技，进一步加大对生态环保领域创新的投入，把生态文明建设科技进步与创新作为重中之重，给予政策倾斜。

（2）强化生态文明建设重点产业、重要领域科技创新。一方面，推动传统制造业向绿色低碳方向转型升级。以科技创新为抓手，构建以低碳发展为主的制造业产业体系，提升装备制造业发展水平。构建"研发、设计、制造、服务"一体化的汽车工业装备服务体系，将十堰建设成为全国一流的汽车工艺装备设计研发中心，推动汽车装备制造企业绿色发展。另一方面，以绿色科技创新支撑生态经济发展。以资源环境保护为重点，整合新材料、新能源、低碳经济等新兴产业的发展需求，积极引进战略投资者在十堰开发新能源项目，建设资源循环利用的优质企业，加强与受水地区如北京、天津等城市在循环经济发展、节能减排方面的协同合作。

（3）依托南水北调推进生态文明建设领域科技成果的应用和转化。在资源综合利用方面，采用先进创新技术，重点解决铅、铜、塑料等再生资源在生产过程中产生的废水、废渣、废气、余热、余压，回收利用社会生产和消费过程中产生的各种废弃物。水处理产品方面，对膜法水处理技术进行研究开发，并向膜材料制作和膜组件制作等上游技术延伸，开拓水处理工程的设计技术。在节能产品方面，以 LED 照明产品、高效换热及相变储能装置、高效压缩机及驱动控制器为重点发展对象，结合各类智能控制节能技术和待机能耗技术，以及节能玻璃、节能涂料、复合保温、轻质新型墙体等建筑材料，支持发展工业节能装备和技术。（张汉香，2015；十堰市委政研室调研组，2014）。

（五）青海生态功能区：建构绿色发展的科技创新体系

1. 背景介绍

青海地处青藏高原，同时又是长江、黄河、澜沧江的发源地，素有"三江源"、"中华水塔"之称，因此青海的生态地位十分重要。习总书记强调，青海的生态环境十分脆弱，保护青海生态环境任务重、难度大。保护好生态环境，确保"一江清水向东流"，是青海义不容辞又容不得半点闪失的重大责任。坚持节约资源和保护环境的基本国策，坚持保护优先，像对待生命一样对待生态环境，像保护眼睛一样保护生态环境，推动形成绿色发展方式和生活方式。这些思想明确了青海最大的价值在生态、最大的潜力在生态、最大的责任也在生态，指明了未来青海发展的战略导向，开启了青海生态功能区绿色发展的新征程。因此，青海生态功能区要走出一条绿色可持续发展道路，亟须构建科技创新支撑体系以破解制约生态文明建设之瓶颈。青海的科技创新支撑绿色发展之路，是全国同类生态功能区绿色发展的典型示范。

2. 主要做法

（1）加强基础生态的科技支撑。建设中科院三江源国家公园研究院、高原农牧业省部共建国家重点实验室，并发挥其对三江源生态的带动作用，对三江源生态环境进行合理规划。利用三江源空—天—地一体化生态监测体系为三江源生态环境监测、预警、综合治理提供大数据服务支撑。以高原农牧业国家重点实验室等科研院所与青海大学三江源生态等高等院校合作为重点，在黑土滩治理、水源涵养、草原修复、畜种改良、生物多样性以及三江源国家公园体制试点等方面发挥科技创新的支撑作用。

（2）为十大生态农牧产业领域提供科技支撑。为促进特色农牧业发展，以生态农牧业重大科技支撑工程实施为重点，为重点特色农牧业产业发展提供有效技术供给。围绕生态农牧业发展，重点解决相关生产、动态监测、疫情预警以及精深加工、精准脱贫、信息服务等方面的技术难题，组织实施"1020"科技支撑工程，在畜禽养殖、粮油种植、果蔬和枸杞沙棘等方面实施"四个百亿元"农牧产业发展计划，用科技支撑提升现代生态农牧业发展水平。

（3）围绕绿色转型和打造"四个千亿元产业"需求提供技术支持。以建设青海生态大省和生态强省为依托，以重点城市的创新驱动为引擎，以确立的八大绿色产业为重点发展对象，打造园区创新生态系统，发挥科技引领的多链融合创新。以绿色产业链推动创新链发展和产学研深度融合，以城市和园区的创新要素集聚、产业基础培育、产业能级提升、成果转化推动、结构调整为重点，推动生态功能区全面发展。在新能源、新材料、生物医药等产业创新发展的关键技术方面，以打造千亿元锂电产业集群和千亿元新材料产业集群为重点，实施重大科技专项成果转化，引领绿色发展和高质量发展（苏海红，2018；青海省科学技术信息研究所，2017）。

二、机制创新驱动生态文明建设的国内外案例

（一）德国生态环境治理的机制创新经验

1. 背景介绍

德国的生态文明建设是世界上公认的起步早、水平高的国家之一。德国的生态文明建设经历了一个不断探索的过程，其生态文明制度也处在不断发展创新的过程中。曾经的莱茵河事件使生态环境受到了严重破坏，德国为治理莱茵河投入200多亿美元，但都成效甚微。现在的德国，经过多年的生态环境修复，使莱茵河又恢复了生机。大马哈鱼是莱茵河的标志性鱼类，19世纪末至20世纪初，大马哈鱼由于数量众多被莱茵河上的渔夫们视作"佐食面包的佳品"。20世纪90年代大马哈鱼又出现在莱茵河中。2002年年底调查表明，莱茵河的环境污染已经得到了充分治理，恢复到了生物多样性的水平，彻底摆脱了曾经的污染状况。在德国的生态环境治理中，生态文明制度一直走在不断创新的道路上。

2. 主要做法

（1）市场经济手段与伦理原则相结合。德国政府利用经济调控手段如生态税、经济资助、政策订单排污许可证、押金回收制度等，鼓励和扶持环境无害型企业的发展，对企业废料回收和循环经济执行的行为力度进行监督。德国社会生态市场经济的显著特点之一就是制度建设有力，除此之外，更应该关注其背后隐藏着的经济伦理和政策伦理。1982年以来，德国便在其政治生活中优先考虑环境保护事务，在生态环境治理问题上坚持贯彻预防性原则、合作原则、污染者赔偿原则等环境生态优先原则，并通过二次收入分配

的调整、社会保障体系的完善、公司治理结构和现代企业制度的规范以及经济政策的制度化法律化等解决举措，把人道主义的社会公平和资本主义的经济自由进行结合，力图兼顾社会目标和经济目标，实现效率和公平的统一，建构经济、市场、社会与环境的和谐秩序。

（2）环境立法与环境教育相结合。一方面，为响应联合国1972年在《人类环境宣言》中提出的"教育是环境发展过程的核心"理念，德国便把环境教育置于学校教育的优先发展战略地位，并在学校教育、家庭教育、社会教育的整个过程中渗透式地贯彻环境教育；另一方面，在环境教育的创新与实践上，德国以户外教学运动为重点，积极利用各种环境教育项目和环境教育资源以确保环境教育的务实性。例如，利用研究机构、环保协会等非政府组织创建的生物与环境教育中心、沼泽自然保护区、北海霍克岛沙滩保护地等环境教育资源，积极参与区域性和全球性的环境教育活动，以加快本国环境教育的发展（邬晓燕，2014）。

（3）循环经济与社会责任相结合。在德国，垃圾处理和再利用是德国循环经济的核心内容，建设循环经济更是一种社会责任。1996年，德国建设循环经济总的"纲领"《循环经济与废弃物管理法》正式提出，它强调资源闭路循环的循环经济思想适用于所有生产部门，其重点侧重强调生产者应对产品的整个生命周期负责，并规定解决废物问题的最优顺序是避免产生—循环使用—最终处置。废弃物处理产业已经成为德国经济支柱产业之一，年均营业额达到400多亿欧元，为20多万个公民创造了就业机会（袁涌波，2010）。

（二）日本的生态文明机制创新经验

1. 背景介绍

日本在20世纪60年代开始着重发展重工业，使经济得到了高速增长，从此跻身发达国家行列。然而日本为了巨大的经济利益，将许多美丽的海岸线变成了工业区，大量生产工业产品，忽视了生产过程中排出大量废水、废气，最终造成了环境污染，引发了严重的社会公害病。在20世纪60年代末期，日本已经有了"公害国"之称。几十年来，经过对生态环境严格的治理，现在东京的空气污染程度在世界上达到了一个较低的水平，无论是繁华的都市或是宁静的乡村，保护环境、绿化生态已然成了日本人的共识。日本生态环境发生巨变的过程中，生态文明机制创新起到了不可估量的作用。

2. 主要做法

在法律法规方面，20 世纪五六十年代，日本在大力发展工业的过程中导致一些核工业地带的空气、水源、土壤都受到不同程度的污染。因此，在 1958 年日本政府出台了《公共水域水质保全法》和《工厂排污规制法》来控制工厂周围的污水排放，1962 年制定了《烟尘排放规制法》控制废气的排放，这些法律法规的制定正式拉开了日本全国性环境保护的序幕。1970 年日本国会对《空气污染防治法》进一步修订和完善之后，日本逐渐形成了比较完备的环境保护法律体系。随后的立法工作越来越细致，越来越完善，立法机构在制定各种污染物排放标准时非常具体。在 20 世纪六七十年代，日本先后出台了《公害对策基本法》、《大气污染防治法》、《水质污染防治法》、《海洋污染防治法》和《自然环境保护法》等一系列环保法律，在此基础上，日本基本形成了一套较完整的环境法规体系，为治理国内环境污染问题打下了良好的法律基础。

在政府激励政策方面，一是奖励回收，主要是对市民回收有用物品的行为进行鼓励，这一激励在日本多数城市都有实施，并取得了较好的效果。例如，大阪市对回收报纸、硬板纸、旧布等废弃物品行为给予一定的奖金。二是税收优惠政策，日本的废塑料制品类再生处理设备在使用年限内拥有两类退税，一类是普通退税，另一类是按取得价格的 14% 计算的特别退税。三是价格优惠政策，在有关废旧物资的法规中，明确规定了要实行商品化收费，即废弃者在废旧家电收集、再商品化等过程中应该制定有关的费用。对这一法规中规定的费用，日本政府会减免或减少一定的份额。四是金额财政补贴政策。日本政府为支持和促进循环经济的发展，在预算制度、融资制度上都有一系列资金投入政策，对发展循环经济给予了支持。

在生态文明观念方面，20 世纪 70 年代以后，日本已经从最初被动的公害教育转变为主动的环境教育，其公民对环境保护的认识逐步加深，对环境理念的理解也不断升华。20 世纪 80 年代以后，日本逐步确立了环境教育理念，并将之不断地推广。此时，城市、家庭型的污染带来的全球的环境问题也已经引起了国际上的关注。1980 年，东京召开世界环境教育会议，此次大会极大地促进了日本国民对环境教育的关注度。日本提出了"善待环境"、"可持续发展"、"生态学的生活方式"等环境教育口号，学校、企业和社会各类组织顺应号召，加强环境宣传教育，掀起了全日本范围内的环境教育热潮。1993 年日本颁布《环境基本法》，日本的环境教育在法律上真正取得了应有的地位。随后，日本政府在《环境基本计划》中将环境教育正式纳入社会长期发展计划当中（吴慧玲，2016；刘继和，2000）。

（三）云南的产权制度创新经验

1. 背景介绍

云南位于我国西南部，是一个集生物多样性、生态环境多样性和民族文化多样性于一体的省份。这样的优势和特点，决定了云南的生态文明建设必须从省情出发，树立生态文明与经济齐发展的意识，坚持"在发展中落实生态环境保护，在生态环境保护中促进发展"的可持续发展模式，努力探索一条能体现生物多样性、生态环境多样性和民族文化多样性"三多一体"特点的高度融合的跨越式发展道路。但云南省仍面临民族种类繁多、人口压力过大、贫困和经济发展不平衡等发展问题，生态文明的建设艰巨而复杂，从而制约了云南的社会经济可持续发展。从云南的生态文明建设过程来看，是由于不合理的产权制度，限制了云南的生态文明建设，透支资源产生的"生态赤字"现象，使生态环境不断恶化，所以亟须在生态文明建设的产权制度上进行创新，对其进行设计和改革（盛世兰，2008）。

2. 主要做法

（1）完善自然资源产权制度。明晰的产权是对资源滥用和环境污染构成阻隔的坚实屏障，产权不明晰和产权配置不当正是云南省资源耗竭和环境恶化的根源。法律规定我国绝大部分资源属国家所有，因此，云南必须对自然资源的产权制度进一步完善，对各级政府、各类企业和个人对自然资源的产权关系进一步明确。在进行自然资源的开发利用时，把国家的资源收益权放在重要位置，在经济上充分体现国有资产的所有权，通过提高资源使用成本，遏制对个人或企业过度开发浪费资源等行为。

（2）明确环境产权。现有的自然资源和自然环境属于环境产权的范围，但环境产权还包括容易被忽视的破坏生态环境与资源所造成的侵权和经济损失。对于空气、河流等难以界定产权的自然资源和自然环境，云南通过合理分摊环境治理费用和严格法制约束等方法划分出各地区所责任的一定范围，制定出明确的奖惩规则。对无法避免的资源消耗和环境污染，以政府作为生态环境的维护者，与污染环境的个人或企业之间进行各类产权交易，如环境产权与排污权的付费许可污染的交易、排污权的产权交易，以此减少环境污染和浪费自然资源及由内部经济性行为导致的外部非经济性行为。只有排污权成为企业的生产要素之一，企业才能优化配置资源和节约使用排污权，这便要求云南要建设一个完善的排污权市场。

（3）引入激励竞争机制，建立市场化的生态公共产权模式。在这个过程中，生态产权所有权代理市场化是第一步，紧随其后便是将生态资源的使用权市场化。生态资源的产权在市场化过程中会在众多环节中被层层委托给具体代理人去行使，每个环节中委托人和代理人会因为目标利益不一致而产生差异，导致没有约束和竞争的情况下生态资源所有权代理主体会产生严重的"政府代理失效"即"政府失灵"。云南引入自然资源产权代理者竞争机制，即引入政府间竞争作为解决"政府代理失效"的有效途径。基本做法是在各级政府"政绩"考核的指标体系增加生态环境保护这一指标，并用绿色 GDP 核算代替传统的 GDP 核算，为各个代理人的生态环境保护绩效进行量化评估。

（4）建立生态产权混合市场模式及其运行机制。云南必须形成部分生态环境资源的所有权私有化，公私产权混合的生态产权模式，才能最终完善生态产权市场，为生态文明建设打下良好的产权制度基础。对于生物性可再生自然资源，云南借鉴国外经验，依据生态效益的大小安排所有权。对于非生物可再生自然资源，不改变其国家或集体所有的性质，而对一些如荒山、荒地等非紧缺型土地，在规定其目标用途（如植树）后，为避免这些土地的生态状况继续恶化可对其进行所有权拍卖，应将其所有权进行拍卖以激励企业和农户的长期投资。对于不可再生自然资源，如各种金属铁、铜和非金属矿物煤等在内的稀缺矿产资源，应继续坚持国家现有的政策，但对一些小煤矿、小铜矿等非紧缺而没有规模开发效应的资源，云南对其所有权进行拍卖，将其出售给企业或其他经济组织，以克服这些小矿山资源因"无人认领"而形成乱挖乱采的状况（梁爱文，2010）。

（四）深圳的生态文明机制创新经验

1. 背景介绍

改革开放以来，深圳一直作为一个开放的"窗口"和"试验场"，在发展经济的同时，更加注重生态文明的建设。深圳在建设生态文明的过程中，加强生态文明制度建设，深化生态文明体制改革，也取得了优秀的成果：多次荣获"国家园林城市"、"国际花园城市"、"中国人居环境奖"等称号，连续 4 次拥有"全国文明城市"荣誉。《中国生态城市建设发展报告》表明，近 5 年来的生态城市整体评价中深圳市蝉联第一。根据深圳市政府工作报告，2017 年全市万元 GDP 能耗下降 4.2%、水耗下降 10.3%；PM2.5（细颗粒物）年均浓度 28 微克/立方米，是全国十大空气质量最好的城市之一；对建成区 36 条 45 段黑臭水体进行消除治理；建成一批精品公园如深圳湾滨海西段休闲带、人才公园和香蜜公园；在全国多数城市都被不同程度的雾霾笼罩的情况下，"深圳蓝"、"深圳绿"已经是深圳高质量发展的一张名片。全国各地的生态文明建设可以从深圳生态文明机制创新的历程中得到启示和借鉴（曾宪聚等，2018）。

2. 主要做法

（1）观念引领，规划先行。改革开放以来，深圳市各届领导班子在进行深圳探索转型时一直贯彻生态文明理念。1998 年 6 月，深圳市市委提出要让深圳的"天更蓝、地更绿、水更清"的口号，让全体市民认识到了环境保护的重要性。2003 年年底，深圳市市委提出把深圳打造成为包括"高品位的文化—生态城市"在内的重要的区域性国际化大都市。2005 年后，"在紧约束条件下求发展"的新思维在深圳市市委市政府中逐步形成，明确要以生态建设为抓手，推进城市生态文明建设。2011 年，市政府在"十二五"基本思路的工作报告中对"深圳质量"进行了五个方面的阐述，即"坚持以质取胜，追求更高的物质文明；坚持以人为本，追求更高的社会文明；坚持文化强市，追求更高的精神文明；坚持内涵发展，追求更高的城市文明；坚持低碳理念，追求更高的生态文明"。从这五个方面着手创造"深圳质量"，而这一提法正是"五位一体"的雏形。

（2）综合决策，注重考评。一方面，面对多样化的治理任务时，改革行政体制。2004 年 6 月，深圳在处理生态环境保护方面的议案时，市政府特别成立了议案建议办理工作小组，该小组以副市长为组长，由政府办公厅牵头，由水务、农林渔业、环保、监察等 16 个部门共同组成，改变了以往由某一单一局委负责的做法。在此之后，市政府还建立"生态环境监察制度"、"市级自然保护区评审委员会制度"、"深圳市物种保护联席工作会议制度"。另一方面，在强化相关的责任机制时，完善系列的考核、奖惩办法。2006 年，在"污染源环境监督管理全覆盖责任体系"建成的基础上，采用纵向到底、横向到边的方法全面铺设管理网格。2007 年，市委市政府把全市 6 个区、18 个政府部门的环保工作纳入《深圳市环境保护实绩考核试行办法》的考核范围。该制度建立的生态文明建设考核工作体制适用于各区、市以及领导班子和党政正职的考核，每年被列入重点考核范围的生态环境建设的项目会向公众公开，以此考核结果作为优秀干部人才选拔任用的重要依据。

（3）首尾兼顾，全程创新。深圳分别从源头严防的机制创新方面和过程严管的机制创新方面两方面进行生态文明机制创新。首先，在自然资源有限的前提下，要实现以更少的资源损耗和更低的环境代价换取高质量、可持续的发展是深圳市建设生态文明的关键。2005年出台的《深圳市基本生态控制线管理规定》，近一半国土被纳入控制范围，并成为全国率先划定生态红线的城市。2013年当地政府实施《实行最严格水资源管理制度的意见》，要求对水资源开发利用控制红线、用水效率控制红线、水功能区限制纳污红线等加强管理，严格控制用水总量、入河排污总量。其次，深圳的生态环保事业受到了各级政府和工作人员的高度重视，市政府为各种相关经济社会活动制定一系列利于生态文明建设的要求。为了使"大运蓝天"常驻深圳，2013年市政府制订了严格的《大气环境质量提升计划》。为了保证3年时间全面完成"十二五"大气污染物总量减排任务，且年度灰霾天数不超过70天，该计划提出了40余项的具体工作安排（林震、栗璐雅，2015；孙伟平等，2014）。

（五）广东中山的生态文明机制创新经验

1. 背景介绍

2009年6月，全国第二批生态文明建设试点城市名单公布，中山位列其中。当前正是提升中山生态文明建设的关键时期，面对如此严峻的情形，中山市委市政府意识到了中山市建设生态文明面临的复杂形势。市政府在把握下一步生态文明建设方向时明确提出了2017年建成国家生态文明建设示范市的目标。制度保障是促进环境保护、推进生态文明建设的根本保证。近年来，中山市以构建生态文明建设的制度保障体系为重点，牢牢把握生态文明建设工作的主动权，强化顶层设计，积极推进生态文明体制机制改革，率先探索先行先试。中山以制度建设推动生态文明建设的经验值得参考和借鉴。

2. 主要做法

（1）设计生态文明建设工作方案，明确任务分工。国家环境保护部于2013年发布《国家生态文明建设试点示范区指标（试行）》，对生态文明建设提出了更高的建设目标和更严格的考核要求。中山为适应新形势、新要求，加快实现国家生态文明建设示范市的建立，2013年年底，由市政府分管，副市长亲自挂帅、靠前指挥启动生态文明建设规划修编工作，协调落实资金并组织开展成果研究。为制订与 2014 年修订的《中山市生态文明建设规划（2013—2030 年）修编》相配套的工作方案，历经三轮大修改，中山市编制的《中山市生态文明建设工作方案》于 2015 年 5 月 21 日经市政府审议，2015 年 6 月 29 日正式出台。《工作方案》将生态文明建设任务分解到各镇区和相关职能部门，并为生态文明设计了生态空间体系、生态环境体系、生态人居体系、生态经济体系、生态文化体系、生态制度体系六大体系。

（2）健全生态文明考核，提升内生动力。一直以来，中山都把干部考核、监督与生态文明建设相挂钩，树立环境保护"一岗双责"和"党政同责"的理念坚决维护和执行环境保护"一票否决"制度。中山为加强对生态文明建设的组织保障力度，将生态环境保护纳入镇区实绩考核的范围。在 2015 年中山市镇区实绩考核的定量指标中，生态文明建设指标组的权重占比超过 22%，这些生态文明建设定量指标包括耕地保护目标责任考核、城乡宜居水平指数、大气污染防治工作考核、主要污染物总量减排考核、单位 GDP 能源消耗下降率等。

（3）创新生态补偿横向机制，释放生态红利。中山对生态公益林补偿资金虽有重视，但不断有市民提出增加生态公益林补偿资金，一直以来，建立生态补偿长效机制成为中山市政府关注的焦点之一。2014 年 3 月，中山启动生态补偿机制研究。经过多次民意调查及论证，2014 年 7 月，中山市政府出台了《中山市人民政府关于进一步完善生态补偿机制工作的实施意见》，提出计算生态补偿资金时要全面考虑各镇区的公益林和耕地与镇区面积的比例；明确基本农田和生态公益林的补偿标准要逐年提高，力争 3 年后达到周边城市平均水平，补偿范围从基本农田扩充为耕地。

（4）探索领导干部离任审计，倒逼生态文明建设。由于五桂山生态保护区是中山保存较为完整的最大的自然生态系统，因此全市领导干部自然资源资产核算与离任审计改革工作将以五桂山试点。中山在自然资源资产核算的基础上出台了领导干部自然资源资产离任审计试点方案，构建了基于自然资源资产核算的领导干部离任审计制度，在该实施意见中首次明确开展自然资源资产负债表和领导干部自然资源资产离任审计制度两项工作的逻辑关系。中山以"先实物，后价值"的原则对五桂山自然资源资产进行核算。自然资源资产价值核算方法体系仍有欠缺，五桂山试点近期仅对自然资源资产实物量进行核算和制定资产负债实物表，自然资源资产负债价值表的探索还需待条件成熟（郭卫华等，2016）。

三、经验启示

（一）科技创新驱动生态文明建设案例的经验启示

江西在当前和今后的工作中，应以科技创新作为生态文明的建设任务的重要出发点，围绕资源开发与配置、生产生活消费与生态环境保护等重要领域，加强科技发展战略布局。

1. 加强科技发展的顶层设计和统筹规划

为满足江西科技创新驱动生态文明建设的需求，应把握经济发展的动态规律，加强科技的顶层设计，实现政府主导、统筹规划，制定江西省级战略性科技创新推动生态文明建设发展的中长期目标。为解决生态文明建设中急需的科技支撑保障问题，应围绕江西生态文明建设和经济社会建设的工作重点，优先安排制约经济发展的重大技术研发和生态建设工程。

2. 加强创新型人才队伍建设

创新型人才队伍建设是一项大工程，特别是工程科技领域的高层次领军人才的培养和引进，一定要根据江西当前形势，抓住机遇，从全国各地高层次人才中选拔，这将大大加强江西省创新型领军人才队伍，对生态文明建设将发挥重大作用。同时要立足于江西省情，着眼于未来，加大工程科技教育投入，采取有力措施加快江西省创新型科技人才的培养，实现人才自我供给。

3. 多渠道加大创新科技研发的投入

一方面要采取有力措施，加大江西省省政府科技投入。为加大财政科技投入应积极采取措施，优化和调整投入比例，确保财政科技投入每年都有增长，加强政府对财政科技资源配置的调动能力。另一方面要鼓励、引导企业和社会增加科技投入。重点对企业和社会在财政收入、税收、技术引进、知识产权保护、人才、教育、创新平台、国际科技合作等方面实施政策优惠。

建设多元化、多渠道、高效率的创新科技投入体系，提高资源共享效益。

4. 加强国内和国际科技交流

一是加强与国内外地区科技交流合作，加大整合全国科技资源力度，加强技术引进；二是围绕国家战略需求参与大科学计划和大科学工程，鼓励省内科技人员发起和组织科技合作计划；三是注重支持学术机构、大型企业等来省内设立研发机构，吸引全国科技人才来此创业就业；四是注重完善政府间科技合作机制，提升对外科技合作水平，加强民间科技合作。

（二）机制创新驱动生态文明建设案例的经验启示

完善和创新生态文明制度，江西应主要从文化制度、决策制度、评价制度和考核制度等方面着手进行，以机制创新驱动生态文明建设。

1. 加强生态文化制度建设，使生态文明成为社会主流价值观

一是通过大力宣传和推广生态文化、生态道德和生态理念，使生态文明观念深入人心。让"尊重自然、顺应自然和保护自然"的价值观念成为社会主流价值观念。二是结合学校教育和干部培训教育，在省教育体系中突出把生态文明文化教育作为素质教育的重点；在领导干部培训体系中突出把生态文明专题作为干部教育的主要教学内容。让习总书记"绿水青山就是金山银山"的思想成为人们行动的指南。

2. 组建生态文明建设评估机构，提高科学民主决策水平

生态文明建设评估机构不是简单的行政审批，而是科学民主决策和高效运行的机构，要体现生态民主的原则。该机构包括领导小组和环保、发改、规划等多家行政部门，以及研究机构、党校、高等学校、学术团体、民间组织以及社会公众，等等。对一些重大建设项目，要通过规范的决策程序、充分论证、全面评估、民主协商、人大讨论、社会公示等环节。在决策过程中，结合领导班子、行政部门、专家学者、社会团体和广大群众提出的想法和观点，科学选择最佳方案。

3. 推行生态 GDP 核算制度，促进经济社会绿色化发展

生态 GDP 的计算方法时在现行 GDP 的基础上减去环境退化价值和资源消耗价值再加上生态效益，即绿色 GDP 加上生态效益。相比而言，调整后的生态 GDP 核算体系，能够灵敏地反映生态系统的变化以及客观地评价经济发展对生态系统的整体影响，可以为江西经济社会可持续发展以及制定生态系统提供重要的理论依据。

4. 完善生态文明考核制度，改变唯 GDP 的制度导向

一方面将生态文明建设指标纳入江西省各级党委政府考核评价体系。要合理设计生态文明建设指标体系的名称和指标值，并合理分配到各级党委政府考核评价体系之中。根据《城市主体功能区规划》，严守生态红线原则，实行差别化的考核制度。另一方面实行自然资源资产和环境责任离任审计，完善系列考核制度探索编制自然资源资产负债表。建立生态环境损害责任终身追究制，这些制度的实施将改变领导干部唯 GDP 的制度导向，让领导干部明白始终坚持环境保护基本国策的重要性，以此推动生态文明建设。

第十二章

江西科技创新引领生态文明建设的对策建议

党的十八大报告中提出全面落实经济建设、政治建设、文化建设、社会建设和生态文明建设"五位一体"的总体布局，将"美丽中国"作为未来生态文明建设的宏伟目标。在十九大报告中明确指出，"建设生态文明是中华民族永续发展的千年大计"，"生态环境保护任重道远"，将生态建设目标纳入了我国现代化强国目标中。生态文明建设的重要性已经被提到前所未有的高度。

对于如何推进生态文明建设，《关于加快推进生态文明建设的意见》中强调，坚持把深化改革和创新驱动作为推进我国的生态文明建设基本动力。《国家生态文明试验区（江西）实施方案》中进一步指出，加强科技创新对江西省生态文明建设的意义与具体路径。因此，切实需要加强科技创新在江西省生态文明建设中的引领与推动作用。

一、以产业转型升级推进生态文明建设

（一）工业

我国正经历着新一轮的科技革命和产业变革，在共享经济、互联网经济、信息经济时代，各种新模式、新业态不断涌现，对江西的生态文明建设

既是挑战，也是机遇，亟须将科技创新作为战略基点，加快培育和发展战略性新兴产业，加快推进传统产业优化升级，支撑引领生态文明建设，实现高质量发展的目标。在工业方面，主要通过"五个加快"推进江西省生态文明建设。

1. 加快培育和发展战略性新兴产业

选择现阶段江西拥有一定发展基础的新能源、新材料、高端装备制造、新能源汽车等产业集中力量攻关，力争掌握核心技术与自主知识产权，培育经济增长点。以"大干项目年"中的重大专项作为培育和发展新能源技术的主攻方向，尽快攻克一批具有全局性和带动性的重大关键技术，研究一批在国内外具有市场竞争力的产品（产业）。

2. 加快传统产业的改造步伐

深入实施技术创新驱动战略，围绕重点传统产业转型升级需求，组建产业技术创新联盟，实施重点项目和技术联合攻关。加快建设一批省级制造业创新中心，努力创建国家级制造业创新中心。加强技术改造投资引导，编制发布重点传统产业技术改造升级投资指南。建立重大技改项目储备库，推进一批投资亿元以上技改项目。实施万企技改专项行动，分行业制订行动方案，逐步推动重点传统产业规模以上企业实施新一轮高水平技术改造，打造一批技改示范项目和企业。

3. 加快高耗能与资源型产业的转型升级

铜、钨、稀土等产业要向高端、绿色、集聚、国际方向发展。聚焦铜、钨、稀土等重点领域，增强资源控制和开发利用能力，加强新工艺技术研发，大力发展高纯高导铜材、高性能硬质合金、稀土功能材料等高端产品。开展资源综合利用、节能降耗、高效环保应用等方面的技术研究。

4. 加快智能化改造

深入推进"互联网＋先进制造业"，积极实施两化融合"万千百十"工程，打造一批两化整合示范企业、园区和智能车间、智能装备生产企业、智能制造基地。推动大数据、人工智能等现代技术和制造业深度整合，开展"大数据＋"、"人工智能＋"等试点示范，提高企业与资源利用的效率。

5. 加快低碳与循环化改造

大力推动江西共伴生矿和尾矿综合利用、大宗工业固废综合利用，提升工业固废资源化利用水平与能力。支持钨、稀土等战略性稀贵金属资源化利用，培育固废资源化产业新增长点，强化再生资源回收利用基础设施，加大对丰城"城市矿山"的政策支持及其示范带动作用。加强园区的环境综合治理，推进污水、垃圾处理等基础设施建设与升级改造，创新环境服务模式，积极引进第三方环境治理企业，推进园区污染治理的专业化、集中化与产业化进程，最大限度地降低污染物排放量。

（二）农业

加快农业的生态文明建设，有利于推进江西农业高质量跨越式发展，加快推动由农业大省向农业强省转变。

1. 创新农业与农村污染源治理模式

作为农业大省，江西切实需要加大农业污染源治理力度。第一，推广多种资源化利用治理模式，如江西是养猪大省，2018 年生猪出栏量为 3124 万头，存在着巨大的畜禽粪污染问题，可推广"干清粪 + 贮粪池 + 污水沉淀池 + 农业还田"、"沼气工程 + 能源利用 + 还田利用"、生物发酵床等多种治理模式。第二，完善农村污水与垃圾治理的设施建设，以我国乡村振兴为契机，加大对农村生活的废弃水与垃圾进行收集处理的设施建设力度。对于农村垃圾，按照"村收集，乡（镇）转运，县处理"的模式推进乡村垃圾处理一体化模式，使农村生活垃圾处置实现标准化、规范化。

2. 推广农业清洁生产技术

建设生态农业关键在于农业清洁生产和生物农药技术的推广。第一，提升生物化学农药及微生物农药在江西省农业中的应用比例。严格控制农药的使用种类，鼓励农民使用农作物施用有机肥和生物农药，打造无污染的天然食品，支持有条件的企业通过国家有机食品认证，努力打造若干个在全国拥有知名度的绿色有机农产品（品牌）。第二，大力推广生物农药的使用比例，广泛应用清洁生产技术，保持生态农业的清洁性，着重使用生物防治技术和物理技术等手段，通过食物链中的规律，利用自然天敌来防御农业危害，减少化学物品的使用。第三，鼓励科研院校研发适合江西生态与地理条件的农业生产技术。鼓励江西农业大学、江西省农科院等科研院所研发适合江西的生态农业技术，重点支持赣南脐橙、南丰蜜橘、广昌白莲、瑞昌山药、庐山云雾等经济作物类特色农产品生态耕种技术的研发。

3. 推广生物质能的综合利用技术

农业中的生物质能综合利用技术的推广与应用，有利于进一步推进江西的生态文明建设。第一，加大沼气发电的建设力度与应用范围。结合江西省畜禽污染与稻秆焚烧的问题，大力引入社会资本，建设畜禽养殖废弃物沼气工程和稻秆气化集中供气工程，以及利用生活污水净化沼气池等方法发展使用沼气。第二，推广光伏发电在农村的应用。结合江西在光伏发电产业上的优势，加大农村光伏建设的推广力度，在生态文明建设中，提高农民的收入水平，达到生态建设与精准扶贫的目标。

（三）服务业

按照克拉克定律，随着经济发展水平的提高，第三产业在国民经济中的比重会不断提高。2018 年江西省第三产业增加值的比重达到 44.8%，预计在未来 2~3 年的时间内，其比重将超过第二产业的比重。因此，服务业是江西生态文明建设的重点内容。生态服务业是江西生态文明建设中服务业的一个重要发展方向。生态服务业是生态循环经济的有机组成部分，具体包括生态物流、生态旅游、生态康养、生态教育、生态文化、生态住宿、生态餐饮等。

1. 大力发展生态旅游业

大力实施江西省生态旅游建设，整合人文、历史、生态和文化创意等资源，依托井冈山、庐山、三清山、龙虎山、武功山、明月山、婺源等风景名胜景区和梅岭、铜钹山、东鄱阳湖等森林公园（湿地公园）及其他重点生态功能区，大力开发山地避暑、乡村民宿、天然氧吧、竹林疗养等休闲度假旅游产品。积极创新，鼓励企业结合区域特点，深耕和细化旅游市场，开发具有地方特色的休闲娱乐及旅游服务项目。通过大数据，采集各大论坛、微博、公众号等游客对于景区的评价数据，可以得出用户对于某个景区的口碑评价以及景区热度，发现旅游产品的不足，可作为改善服务方向。通过采集用户使用运营商网络信号的区域数据以及用户手机号码归属地等信息对比，可以明确游客位置来源、游客停留时间，可以向其发送适合其情况的"私人订制"信息。结合江西省大力发展 VR 产业的背景，加入交互式旅游项目，通过"设备 + VR 眼镜"整合的多维游戏体验，在原有景区体验基础上，增加旅游景区的丰富性。

2. 大力发展农村电子商务

加快推进农村电子商务公共服务平台建设，推进现代农产品展销的"线上线下"互动平台建设。通过创业带头人、电商企业引导村民运用互联网渠道销售自产农产品和加工品，形成农户、合作社、农村电商服务站、创业带头人环环相扣的利益共同体。重点发展"农户+村淘宝点"、"农户+电商平台"等新型农产品销售形式，推进农村电子商务的发展。深入实施区域农产品品牌化、标准化建设，建设一批富有江西特色的自主品牌，提升江西省农产品影响力。

3. 培育现代科技服务业

大力发展以云计算、大数据应用为核心的现代信息服务技术企业，以及移动互联和社交媒体环境下的新型信息服务外包业态；加快谋划实施一批物联网示范工程，着力突破微型和智能传感器技术、超高频和微波 RFID 标签技术以及物联网组网、物联网通信、智能分析处理等一批关键技术，培育发展嵌入式操作系统、数据库、中间件、应用软件、嵌入式软件、系统集成等一批特色物联网信息服务业态，及早形成特色优势。

4. 培育绿色金融业

创新金融服务，着手建立江西绿色发展基金，着力推进绿色保险和碳金融等金融工具在我省的应用范围与层面，大力推进江西绿色城市、智慧城市、人文城市建设的目标。加大绿色银行的推进力度，资金进一步向"山水林田湖草"生态修复项目倾斜。

二、以科技创新机制的完善推进生态文明建设

以科技创新引领江西生态文明建设，涉及政府、企业、市场、科技人员、资金等问题，但是科技体制的变革和机制的创新，是其中最为关键的部分。完善科技创新机制对生态文明建设的影响机制：一是有利于鼓励企业，特别是高污染高耗能的企业增加生态文明建设方面的科技创新；二是有利于鼓励更多的资金注入生态文明建设的领域，为生态文明建设提供资金支持；三是有利于提高资源的利用效率，为江西省经济高质量发展打下坚实的基础；四是有利于促进多方主体共同参与生态文明建设。

（一）明确政府在生态文明建设中的地位与监管作用

1. 强化政府的主导地位

加强各级政府对生态文明建设的设计和组织领导。以国家生态文明试验区建设为目标，出台适合江西省情的生态环境保护制度与政策法规，以环境规制引导与倒逼企业开展绿色科技创新，塑造良好的绿色创新环境。对于生态环境破坏的行为，坚持予以制止与取缔。

2. 强化绿色科技创新绩效指标考核与监管

改革生态环境监管体制，有利于进一步提高政策法规的落地成效。转变传统过于重视经济指标的评价方法，引入绿色经济效益核算，将经济效益评价与生态效益评价结合，纳入干部考核体系，严格落实分类考核办法。积极开展领导干部自然资源资产离任审计，将审计结果作为领导干部考核、任免、奖惩的重要依据。对领导干部离任后出现重大生态环境损害并认定其需要承担责任的，实行终身追责。

（二）确定生态文明建设专门人才的培养和引进机制

江西人力资本水平不足，尤其是生态文明建设专门人才的匮乏，影响了生态文明建设的步伐。生态文明建设离不开科技、离不开技术和人才，技术的引进、应用、孵化、吸收，人才的吸引、培养、锻炼、提高是生态文明建设的重要基础。应确定以人才为支撑，推进生态文明建设。围绕江西生态文明建设的重点，实现"自身培养一批、引进一批人才"战略：一是在高等院校和科研机构培养与江西省生态文明建设相匹配的中高端人才，各市县则培养当地生态文明建设需求的应用型人才；二是对愿意来赣工作的高端人才，提高其福利待遇，尤其加大对江西籍的高端人才的引进力度，以乡情留人才；三是要做好服务优化文章，当好人才"后勤部长"，完善人才创新创业平台、优化人力资源服务方式、提高人才资源管理水平，使人才创业有机会、创新有条件、发展有空间。

另外，江西的生态文明建设相关的政策已基本覆盖各方面，关键的问题在于如何提高政策的执行力。一是吸收浙江、江苏、广东等沿海地区环境治理、生态修复等方面的团队与专业人才进入公务员队伍，提高公务员队伍的专业技术能力，促进政策落地。同时加强与沿海地区公务员之间的交流、交换活动，汲取先进管理经验。二是在公务员队伍建设中，增加专业技术岗位的招录比例。引进有工作经验的专业技术人才，充实公务员队伍。

（三）构建市场导向的绿色技术创新体系

党的十九大报告指出，构建市场导向的绿色技术创新体系，让市场在资源配置中发挥决定性作用。运用生态补偿、循环补助、低碳补贴等财政与税收制度，促进企业开展绿色创新，提高资源利用效率、降低能耗排放。大量的国内文献也已经证明，环境规制可以激励企业开展技术创新，提高生产效率，弥补由环境规制引发的成本上升问题，促进企业的转型升级。

1. 完善与生态文明建设相适应的污染排放标准

江西生态文明建设的目标与进程，不断完善相关的污染排放标准，既不可过急，也不能过慢。过急可能导致大量的企业达不到排放标准而面临处罚、关停等问题；过慢则可能导致生态文明建设的目标无法如期完成。另外，加强排污的监管，强化排污者责任。加强对重点生态领域的监管，杜绝随意排放、超标排放等问题。健全环保信用评价等制度规制，引导企业转型升级，推进绿色技术创新，鼓励发展绿色产业，壮大节能环保产业、清洁生产产业、清洁能源产业。

2. 加大对绿色科技类的财政投入

省市县级政府应加大财政资金中绿色科技支出的比重，通过设立重大科技专项、建设一批能源类环保类科技创新载体和服务平台、加强环保领域关键共性技术的研发与示范、加大绿色产品的政府采购比重等市场手段，促进更多的资金进行绿色科技创新。以绿色创新基金为例，广东省科技厅，深圳市国融信合投资股份有限公司及香港建基国际集团有限公司共同设立了广东绿色产业投资基，旨在发展低碳经济，推进节能减排和绿色产业发展。基金初始规模为50亿元，相关银行配套200亿元，将撬动超过1000亿元的投资。

三、以绿色生活方式的普及推进生态文明建设

在党的十九大报告中，提倡绿色生活方式。倡导简约适度、绿色低碳的

生活方式，反对奢侈浪费和不合理消费，开展创建节约型机关、绿色家庭、绿色学校、绿色社区和绿色出行等行动。

1. 转变思想观念，倡导绿色低碳的生活方式

利用包括微信、微博、自媒体等多种新闻媒体积极宣传生态文明，发挥榜样典型的示范引领作用，全面构建推动生活方式绿色化全民行动体系，引导绿色饮食、推广绿色服装、倡导绿色居住、鼓励绿色出行，推进衣、食、住、行等领域绿色化。提高居民生活中的生态意识，促使居民意识到绿色低碳生活不仅有利于自身，也有利于全省生态文明的建设。

2. 利用新技术，鼓励绿色出行

加大公共交通基础设施的建设，根据居民出行的大数据，合理规划路线与班次，提高公交准点到站率，在站台显示对应班次的到站时间，鼓励居民出行乘坐公共交通；加大地铁与公交互通的连接建设，降低出行的转移成本；引导共享单车参与城市交通管理，解决城市居民"最后一公里"与短距离交通问题。

3. 企业在生产经营中创造居民的绿色需求

鼓励企业采用先进的设计理念、使用节能环保原材料，增加日常生活用品的可回收性；提高清洁生产水平，促进生产、流通、回收等环节绿色化；鼓励采用新型绿色的建筑理念，最大限度地节能、节地、节水、节材等资源，注重低耗、高效、经济、环保、集成与优化，尽量减少使用合成材料，充分利用阳光，节省能源，为居住者创造一种接近自然的感觉。

4. 在城市建设中应用最新的理念与科技

江西年均降水量达1635毫米，是全国平均水平的2.6倍，经常面临着城市内涝与道路积水问题；随着城市化水平的推进，城市热岛效应问题已经非常明显；南昌、赣州等城市交通拥堵问题程度不亚于沿海发达城市。此类问题的出现，需要在城市建设中应用诸如"海绵城市"、"森林城市"、"智慧城市"的建设理念，切实提升科技理念与技术的进步对城市建设的引领作用。

创新是引领发展的第一动力。江西用机制创新推进生态文明建设，重点需要从改革生态环境监管机制、健全生态安全保障体系、创新绿色发展引导机制、完善生态考评追责机制等方面入手，全面构建江西省生态文明建设体系。其中生态环境监管体系包括完善生态环境法律法规体系、优化监管主体结构配置、提高生态环境监管执行力、畅通公众参与监管机制等；生态安全保障体系包括完善生态补偿机制、建立环保投入机制、完善自然资源行政监管机制；绿色发展引导机制主要包括探索构建生态交易市场机制、加大绿色金融改革创新力度两个方面；生态考评追责制度包括健全领导干部政绩考核体系、落实领导干部任期生态文明建设责任制度、建立多部门共同参与的考评机制。

一、改革生态环境监管体制，助力美丽江西建设

（一）完善生态环境法律法规体系

生态环境法律法规体系与生态环境一样具有系统性，法律、法规体系内部的衔接与连贯尤为重要。一是立足江西本地实际，根据经济社会发展的阶段性特点，加强生态环境相关法律的立法研究；二是在生态环境行政管理体制上，提升江西环保部派出机构的法律地位和责任；三是在制度选择上，完善公众参与制度，继续完善调整企业环境行为法律规范的同时，加快建立健全规范政府行为的法律规范。

（二）优化监管主体结构配置

生态环境监管主体结构合理性是严格生态环境监管的基础保障。一是建立生态环境垂直管理的行政监管系统。地方环保部门应由江西省环保部门统一管理，江西各级政府的环境保护工作应接受环保部的行政管理，减少地方政府对环境事务的干预。二是优化部门权责。环保、农业、水利、林业、住建等部门间的监管职责，做到事权、财权相适应。三是建立政府与企业环境合作伙伴关系。以企业为主体，江西各级政府应共同辅助和管理，通过非强制性措施督促企业进行自我约束，实现政府、企业对环境的合作管理，推动生态环境治理效果的最大化。

（三）提高生态环境监管执行力

日益繁重的生态环境监管任务要求提高监管的执行力。一是要完善配套措施。针对江西环境监管实践中存在的体制问题，通过法律的规定来保障监管机构能力建设，强化配套执行制度，建立督促、督办执行制度，保障监督权的实施。二是要加大财政支持力度。一方面，江西各级政府应加大对生态环境监管机构的经费投入，提高环境行政人员积极性。另一方面，应加大对环境监管工作的投入，提升监管工作人员装备配置水平，以提高环境监管的工作效率。三是加强生态环境执法人才队伍建设。加强江西环境监管人员的队伍建设，明确环境执法队伍地位，增加执法人员力量，提高监督执法人员素质。

（四）畅通公众参与监管机制

生态环境问题具有社会性和广泛性，解决环境问题需要社会公众的积极参与。一是建立社会公众参与生态环境监督的机制，提高社会公众参与生态建设和环境保护的热情。二是完善信息公开制度。建立区域生态环境和谐信息公开制度，拓宽信息公开渠道，加大公众的生态和谐知情权。三是健全监督奖励机制。实行有奖举报制度，鼓励社会公众全程参与监督对生态环境有重大影响的项目与决策，设立投诉举报电话，鼓励群众积极参与监督。

二、健全生态安全保障体系,筑牢绿色屏障

(一) 完善生态补偿机制

建立生态补偿机制是生态文明建设的重要制度保障。开展流域生态补偿,建立上下游互访协商机制,统筹推进鄱阳湖、赣江、抚河、信江、饶河、修河六大河流全流域联防联控;探索建立多领域、多元化的生态保护补偿机制。一方面建立生态保护补偿政策法律法规、标准和制度保证框架。另一方面逐步扩大补偿范围,提高补偿标准。

(二) 建立环保投入机制

江西作为经济欠发达地区,财政实力相比其他发达省份较弱,且作为首批国家生态文明试验区之一,国家应设立专款用于江西生态文明建设。另外,江西各级政府应加大环保投入,确保环保投资占到地区生产总值较高比例。此外,还应探索环保投资主体多元化。如政府绿色债券融资、财政贴息、PPP 模式等,鼓励个人、企业和外商投资。

(三) 完善自然资源行政监管体制

江西自然资源丰富,完善自然资源行政监管体制是保护江西自然资源的重要举措。完善自然资源统一确权登记方法,明确自然资源统一确权登记的一般程序,重点探索国家所有权以及代表行使国家所有权登记的途径和方式,力争为全国其他地区提供可操作的实践经验。搭建自然资源统一登记确权信息平台。依托江西现有的国土资源信息化平台,推动自然资源登记信息数据库纳入不动产登记数据库,建立自然资源登记与不动产登记互联互通的信息平台。

三、创新绿色发展引导机制，助推江西经济高质发展

（一）探索构建生态交易市场机制

探索筹建生态交易市场，建立科学规范、可操作性强的生态价值评估制度，完善排污权交易、碳汇交易等机制，逐步形成层次分明、统一开放、竞争有序的生态交易市场体系。一方面，要结合国家生态文明试验区建设经验，形成可推广、可复制的生态环保技术和研究成果。另一方面，要畅通社会资本进入生态市场的渠道，促进人流、物流、资金流、信息流的高速流动，发挥社会资本在绿色发展中的作用，从而进一步推进江西经济绿色发展。

（二）加大绿色金融改革创新力度

一是支持力度加码。尽管当前江西绿色金融发展已取得明显成效，金融产品不断丰富，但仍有较大发展空间。因此，要多措并举支持金融机构发展，使绿色金融更好地服务于江西生态文明建设需要。二是加强风险防范。推进绿色金融改革，也要加强风险防范，防止"洗绿"风险的发生。江西省内的金融机构，如银行、资产管理机构应加强环境社会风险专项评估，对环境风险进行动态管理、全流程管理。

四、完善生态考评追责制度，织密考核制度笼子

（一）健全领导干部政绩考核体系

科学设置考核指标，凸显生态文明建设。江西应在生态文明建设评价指

标的基础之上，出台体现生态文明要求的领导干部政绩考核指标体系，明确将资源消耗、环境损害、生态效益等指标纳入考评范畴。完善考核办法，加大追责力度。设置考核指标时，应在走访群众、专家评价的基础上，从不同角度对领导干部实行监督与评价。此外，应对领导干部任职期间的生态文明建设工作进行全面评估，避免评价的滞后性。

（二）落实领导干部任期生态文明建设责任制度

领导干部任期生态文明建设责任制度是生态文明建设制度化、法制化的体现。领导干部任期生态文明建设责任制度，核心就是责任，目的是要倒逼领导干部树立任期负责乃至终身负责的责任意识。对决策失误造成资源环境严重破坏的，在评优和任用提拔上"一票否决"。对只顾眼前政绩，盲目决策，造成严重后果的，要追究有关领导的责任。

（三）建立多部门共同参与的考评机制

生态文明建设是一项庞大的系统工程，涉及政治、经济、文化、社会等众多领域，因此江西生态文明建设过程中，应该齐抓共管，建立工作联动机制，建立环保部门、统计部门、监察部门等多个部门的考评机制，引导领导干部树立正确的政绩观，全面推进江西生态文明建设。

参考文献

［1］Cohen M J. Ecological modernization and its discontents：The American environmental movement's resistance to an innovation – driven future ［J］. Futures, 2006, 38（5）：528 – 547.

［2］Koh N S, Hahn T, Ituartelima C. Safeguards for enhancing ecological compensation in Sweden ［J］. Land Use Policy the International Journal Covering All Aspects of Land Use, 2017：186 – 199.

［3］Kumar S, Managi S. Compensation for environmental services and intergovernmental fiscal transfers：The case of India ［J］. Ecological Economics, 2009, 68（12）：3052 – 3059.

［4］Morrison R. Ecological democracy ［M］. South End Press, 1995.

［5］Pearse R. The coal question that emissions trading has not answered ［J］. Energy Policy, 2016（99）：319 – 328.

［6］Research Pnfessor. From Materialized Civilization to Ecological Civilization – Ecology for Sustainable Development ［J］. World Sci – tech R & D, 1998（1）.

［7］艾敏, 高晶蕾, 石崇. 基于科技创新的常州市生态文明建设模式与政策研究 ［J］. 绿色科技, 2017（8）：137 – 139.

［8］安冉. 我国科技创新对区域经济增长的溢出效应分析 ［D］. 山东财经大学, 2014.

［9］白春礼. 科技支撑我国生态文明建设的探索、实践与思考 ［J］. 中国科学院院刊, 2013, 28（2）：125 – 131.

［10］包庆德, 陈艺文. 生态文明制度建设的思想引领与实践创新——习近平生态文明思想的制度建设维度探析 ［J］. 中国社会科学院研究生院学报, 2019（3）：5 – 12.

［11］蔡虹，张永林．我国区域间外溢技术知识存量的测度及其经济效果研究［J］．管理学报，2008（4）：568－575，590．

［12］蔡木林，王海燕，李琴，武雪芳．国外生态文明建设的科技发展战略分析与启示［J］．中国工程科学，2015，17（8）：144－150．

［13］曹泽，李东．R&D 投入对全要素生产率的溢出效应［J］．科研管理，2010，31（2）：18－25，34．

［14］陈锦其．浙江生态补偿机制的实践、意义和完善策略研究［J］．中共杭州市委党校学报，2010（6）：19－24．

［15］陈钦萍，陈忠，卓懋百，陈旭辉．科技投入对生态文明建设的贡献分析——基于拓展的 C－D 生产函数［J］．林业经济，2015，37（12）：97－101．

［16］陈胜东，孔凡斌．江西省生态文明建设评价体系研究：指标体系和评价方法［J］．鄱阳湖学刊，2015（4）：39－52．

［17］丹尼尔·科尔曼．生态政治：建设一个绿色社会［M］．上海：上海译文出版社，2002：126．

［18］邓可．浅析我国生态文明建设与科技进步的辩证关系［J］．中国科技信息，2012（23）：192－193．

［19］邓翠华，林光耀，张伟娟．关于生态文明法律制度的辩证思考［J］．福建农林大学学报（哲学社会科学版），2015，18（3）：10－14．

［20］刁尚东，刘云忠，成金华．广州市生态文明建设评价研究［J］．统计与决策，2013（17）：61－63．

［21］杜勇．我国资源型城市生态文明建设评价指标体系研究［J］．理论月刊，2014（4）：138－142．

［22］杜宇．建立有利于生态文明建设的生态科技［J］．北方经济，2009（2）：9－11．

［23］范斐，张建清，杨刚强，孙元元．环境约束下区域科技资源配置效率的空间溢出效应研究［J］．中国软科学，2016（4）：71－80．

［24］樊玲．我国政府研发投入效率及溢出效应研究［D］．南京财经大学，2016．

［25］樊阳程，严耕，吴明红，陈佳．国际视野下我国生态文明的建设现状与任务［J］．中国工程科学，2017，19（4）：6－12．

［26］方卫华，李瑞．生态环境监管碎片化困境及整体性治理［J］．甘

肃社会科学，2018（5）：220 - 227.

　　［27］冯留建. 科技革命与中国特色社会主义生态文明建设［J］. 当代世界与社会主义，2014（2）：23 - 27.

　　［28］福建师范大学科学发展观研究课题组，王建华. 论生态文明建设的科技维度［J］. 福建师范大学学报（哲学社会科学版），2009（3）：24 - 30.

　　［29］付丽娜，陈晓红，冷智花. 基于超效率 DEA 模型的城市群生态效率研究——以长株潭"3 + 5"城市群为例［J］. 中国人口·资源与环境，2013，23（4）：169 - 175.

　　［30］高红贵. 关于生态文明建设的几点思考［J］. 中国地质大学学报（社会科学版），2013，13（5）：42 - 48，139.

　　［31］高童童. 天津市滨海新区绿色发展的影响因素及路径选择［D］. 天津大学，2016.

　　［32］谷缙，任建兰，于庆，张玉. 山东省生态文明建设评价及影响因素——基于投影寻踪和障碍度模型［J］. 华东经济管理，2018，32（8）：19 - 26.

　　［33］谷振宾，李杰，王月华. 湿地生态效益补偿：经验与思考——中央财政湿地生态效益补偿试点调研报告［J］. 林业经济，2015（8）：65 - 71.

　　［34］郭卫华，杜敏，杨文东，李强，萧学谦，黄昌妙，李结超，苏天德. 制度创新　夯实生态文明建设之路——来自广东省中山市的实践［J］. 中国生态文明，2016（1）：56 - 59.

　　［35］郭永杰，米文宝，赵莹. 宁夏县域绿色发展水平空间分异及影响因素［J］. 经济地理，2015，35（3）：45 - 51，8.

　　［36］何雄浪，张泽义. 经济活动空间分布的探究：技术溢出、环境污染与贸易自由化［J］. 地理科学，2015，35（2）：161 - 167.

　　［37］胡卫卫，施生旭，郑逸芳，许佳贤，唐丹. 福建生态文明先行示范区生态效率测度及影响因素实证分析［J］. 林业经济，2017，39（1）：13 - 18.

　　［38］黄健柏，贺稳彪，丰超. 全球绿色发展格局变迁及其逻辑研究［J］. 南方经济，2017（5）：35 - 49.

　　［39］黄勤，曾元，江琴. 中国推进生态文明建设的研究进展［J］. 中国人口·资源与环境，2015，25（2）：111 - 120.

　　［40］黄志红. 长江中游城市群生态文明建设评价研究［D］. 中国地质大

学，2016.

［41］孔雷，刘文国，张良，王海亮．县域生态文明建设评价指标体系的构建研究——以普洱市为例［J］．林业经济，2016，38（3）：30－33.

［42］李若娟．生态文明建设的制度建构［D］．北京师范大学，2015.

［43］李红卫．生态文明建设——构建和谐社会的必然要求［J］．学术论坛，2007（6）：170－173.

［44］李华旭，孔凡斌，陈胜东．长江经济带沿江地区绿色发展水平评价及其影响因素分析——基于沿江11省（市）2010~2014年的相关统计数据［J］．湖北社会科学，2017（8）：68－76.

［45］李剑波．重庆能源绿色低碳发展研究［D］．重庆大学，2016.

［46］李青．生态文明视域下江苏科技创新的困境及出路［J］．戏剧之家，2019（24）：217－219.

［47］李邵东．论生态意识和生态文明［J］．西南民族学院学报（哲学社会科学版），1990（2）：104－110.

［48］李爽，周天凯，樊琳梓．长江流域城市的绿色发展评价及影响因素［J］．管理现代，2018（4）：86－89.

［49］刘子刚，卫文斐，刘喆．我国湿地生态补偿存在的问题及对策［J］．湿地科学与管理，2015（4）：34－38.

［50］梁爱文．生态文明建设的产权制度创新——以云南省为例［J］．唯实，2010（4）：56－59.

［51］林爱广．中国生态文明建设及路径研究［D］．浙江农林大学，2013.

［52］林震，栗璐雅．生态文明制度创新的深圳模式［J］．新视野，2015（3）：67－72.

［53］凌阿妮，谭文华，曹佛宝．科技创新生态化促进生态文明建设的思考［J］．农村经济与科技，2017，28（2）：1－3.

［54］刘丽红．浅议生态文明建设的制度确立［J］．企业经济，2013，32（4）：155－158.

［55］刘继和．比较教育研究［M］．北京：北京大学出版社，2000.

［56］刘佳琦．城市生态系统影响因素的作用机理与仿真研究［D］．哈尔滨工业大学，2015.

［57］刘仁胜．德国生态治理及其对中国的启示［J］．红旗文稿，2008

（20）：33 - 34.

［58］刘思华．生态文明与可持续发展问题的再探讨［J］．东南学术，2002（6）：60 - 66.

［59］刘涛．蓝色经济区城市生态建设的综合评价［J］．东岳论丛，2016，37（1）：159 - 168.

［60］卢雯皎．林业科技进步贡献率的测算方法与实证研究［D］．中国林业科学研究院，2014.

［61］卢瑜．绿色发展背景下湖南省碳排放影响因素及碳减排策略研究［J］．中南林业科技大学学报（社会科学版），2015，9（5）：40 - 43.

［62］马勇，黄智洵．长江中游城市群绿色发展指数测度及时空演变探析——基于 GWR 模型［J］．生态环境学报，2017，26（5）：794 - 807.

［63］宁学敏．我国商品出口与碳排量关系的实证分析［J］．统计与决策，2010（3）：111 - 113.

［64］欧阳志云，郑华，谢高地，杨武，刘桂环，石英华，杨多贵．生态资产、生态补偿及生态文明科技贡献核算理论与技术［J］．生态学报，2016，36（22）：7136 - 7139.

［65］覃玲玲．生态文明城市建设与指标体系研究［J］．广西社会科学，2011（7）：110 - 113.

［66］青海省科学技术信息研究所．青海科技发展报告（2017）［M］．北京：社科文献出版社，2018.

［67］邱诗萌，高健．协同创新视角下的科技创新与生态文明［J］．未来与发展，2017，41（8）：1 - 4.

［68］沈满洪．生态文明制度的构建和优化选择［J］．环境经济，2012（12）：18 - 22.

［69］盛世兰．科学发展观视野中的云南生态文明建设［J］．西南林学院学报，2008（4）：51 - 53，64.

［70］盛学良，任炳相，朱德明．环境保护科技进步贡献率的测算方法及预测研究［J］．环境污染与防治，2003（6）：365 - 366，369.

［71］十堰市委政研室调研组．把十堰汉江生态经济带建成生态文明示范区的思考［J］．政策，2014（2）：39 - 41.

［72］石莹．我国生态文明建设的经济机理与绩效评价研究［D］．西北大学，2016.

［73］苏方林，李臣，张瑞．我国中部欠发达省经济低碳发展影响因素个案研究及启示［J］．学术论坛，2011，34（8）：128－130，143.

［74］宋宇晶，苏小明．推进生态文明法律与经济激励机制建设的路径［J］．福州党校学报，2015（2）：48－51.

［75］苏海红．重要生态功能区绿色发展的科技创新体系建构——以青海生态功能区为例［J］．青海社会科学，2018（5）：64－71.

［76］孙见君.21世纪美国科技发展战略与我国科技发展对策［J］．江苏工业学院学报，2003，4（3）：7－10.

［77］孙伟平，刘举科．生态城市绿皮书：中国生态城市建设发展报告［M］．北京：社会科学文献出版社，2014.

［78］孙忠英．以制度创新推动生态文明建设［J］．中国环境管理干部学院学报，2016，26（1）：39－42.

［79］索飞．长三角城市群生态环境质量水平及影响因素研究［D］．安徽大学，2017.

［80］田启波．全球化进程中的生态文明［J］．社会科学，2004，（4）：119－124.

［81］王从彦，潘法强，唐明觉，姜琴芳，薛永来，戴志聪，杜道林．浅析生态文明建设指标体系选择——以镇江市为例［J］．中国人口·资源与环境，2014，24（S3）：149－153.

［82］王丹丹，仲镇宇．生态文明城市建设评价指标研究——以烟台市高新区为例［J］．民营科技，2017（2）：205.

［83］王锋，冯根福．中国经济低碳发展的影响因素及其对碳减排的作用［J］．中国经济问题，2011（3）：62－69.

［84］王广凤，张立华，昌军．低碳发展的影响因素：基于结构方程模型的分析［J］．企业经济，2014（8）：36－39.

［85］王家庭．科技创新、空间溢出与区域经济增长：基于30省区数据的实证研究［J］．当代经济管理，2012，34（11）：49－54.

［86］王瑾瑾．中国农村绿色发展绩效评估与影响因素研究［D］．湖南大学，2016.

［87］王敏，黄滢．中国的环境污染与经济增长［J］．经济学（季刊），2015，14（2）：557－578.

［88］王楠楠．中国生态效率测度及其影响因素分析［D］．安徽财经大

学，2015.

［89］王庆才．区域产业承接低碳发展绩效评价与路径选择［D］．安徽理工大学，2017.

［90］王文清．生态文明建设评价指标体系研究［J］．江汉大学学报（人文科学版），2011，30（5）：16－19.

［91］吴传清，宋筱筱．长江经济带城市绿色发展影响因素及效率评估［J］．学习与实践，2018（4）：5－13.

［92］吴慧玲．中国生态文明制度创新研究［D］．东北师范大学，2016.

［93］吴鸣然，马骏．中国区域生态效率测度及其影响因素分析——基于 DEA－Tobit 两步法［J］．技术经济，2016，35（3）：75－80，122.

［94］邬晓燕．德国生态环境治理的经验与启示［J］．当代世界与社会主义，2014（4）：92－96.

［95］吴远征，张智光．我国生态文明建设绩效的影响因素分析［J］．生态经济（学术版），2012（2）：386－390.

［96］伍瑛．生态文明的内涵与特征［J］．生态经济，2000（2）：38－40.

［97］邢新朋，梁大鹏，宫再静．资源禀赋对低碳发展的影响机制研究［J］．系统工程学报，2014，29（5）：628－639.

［98］许广月，宋德勇．我国出口贸易、经济增长与碳排放关系的实证研究［J］．国际贸易问题，2010（1）：74－79.

［99］许罗丹，张媛．基于 DEA 模型的中国省际生态效率测度与影响因素分析［J］．河北经贸大学学报，2018，39（4）：30－35.

［100］许瑞泉．甘肃省 R&D 投入的溢出效应与产出效率研究［D］．兰州大学，2016.

［101］徐宜可．探析我国生态环境监管体制改革法律问题［J］．法制与经济，2018（6）：66－67.

［102］薛丁辉，郭广银．水生态文明的伦理特征与科技驱动策略研究——基于江阴市的分析［J］．科技管理研究，2015，35（20）：249－252.

［103］严耕，林震，吴明红．中国省域生态文明建设的进展与评价［J］．中国行政管理，2013（10）：7－12.

［104］杨志华，严耕．中国当前生态文明建设关键影响因素及建设策略［J］．南京林业大学学报（人文社会科学版），2012，12（4）：60－66.

［105］姚石，杨红娟．生态文明建设的关键因素识别［J］．中国人口·资源与环境，2017，27（4）：119－127.

［106］叶谦吉，罗必良．生态农业发展的战略问题［J］．西南农业大学学报，1987（1）：1－8.

［107］尹传斌，蒋奇杰．绿色全要素生产率分析框架下的西部地区绿色发展研究［J］．经济问题探索，2017（3）：155－161.

［108］游静．我省探索形成推动生态文明建设的制度体系［N］．江西日报，2017－01－31.

［109］尤海涛．水土流失重点治理区生态补偿探索——评《沂蒙山区沂河流域生态补偿理论与方法研究》［J］．科技经济导刊，2019，27（7）：104.

［110］于成学，葛仁东．资源开发利用对地区绿色发展的影响研究——以辽宁省为例［J］．中国人口·资源与环境，2015，25（6）：121－126.

［111］喻开志，吕笑月，黄楚蘅．四川省科技创新对区域经济增长的直接影响及其溢出效应［J］．财经科学，2016（7）：111－120.

［112］余谋昌．生态文明：建设中国特色社会主义的道路——对十八大大力推进生态文明建设的战略思考［J］．桂海论丛，2013，29（1）：20－28.

［113］余培发．关于推进绿色发展的几点思考［C］．人的发展经济学与中国特色社会主义政治经济学创新发展学术研讨会暨2017中国人的发展经济学学术年会论文汇编，2017－07－21.

［114］袁涌波．国外生态文明建设经验［J］．今日浙江，2010（11）：28.

［115］曾贤刚，魏国强．生态环境监管制度的问题与对策研究［J］．环境保护，2015，43（11）：39－41.

［116］曾宪聚，王靖文，康志霞，严江兵．深圳市生态文明建设的对策研究：制度质量的视角［J］．特区经济，2018（6）：30－33.

［117］张广裕．甘肃省碳排放影响因素分析与低碳发展研究［J］．河北科技大学学报（社会科学版），2013，13（4）：1－9.

［118］张汉香．"十三五"时期科技创新支撑十堰生态文明建设的思考［J］．科技创业月刊，2015，28（13）：11－13.

［119］张纪录．区域碳排放因素分解及最优低碳发展情景分析——以中部地区为例［J］．经济问题，2012（7）：126－129.

［120］张莉．湛江海洋经济低碳发展现状及影响因素分析［J］．农村

经济与科技，2015，26（3）：154－156，82.

［121］张莽. 当前我国生态文明建设的核心问题研究［J］. 生态经济，2017，33（4）：182－185，200.

［122］张平，黎永红，韩艳芳. 生态文明制度体系建设的创新维度研究［J］. 北京理工大学学报（社会科学版），2015，17（4）：9－17.

［123］张庆阳. 生态文明建设的国际经验及其借鉴（二）：德国［J］. 中国减灾，2019（17）：60－63.

［124］张胜，张彬. 关于鄱阳湖湿地生态补偿政策的调研报告［J］. 农村财政与财务，2013（6）：16－17.

［125］张书军，王磊，裴志永. 美国环保署战略计划（2006—2011）述评［J］. 中国人口·资源与环境，2010，20（6）：147－150.

［126］张旺，周跃云，邹毓. 城市低碳发展水平的区域分异及其影响因素——基于中国 GDP 前 110 强地级以上城市的实证研究［J］. 技术经济，2014，33（3）：68－74.

［127］张伟，蒋洪强，王金南，曾维华，张静. 科技创新在生态文明建设中的作用和贡献［J］. 中国环境管理，2015，7（3）：52－56.

［128］张巍巍，张华，李向辉. 改革视角下科技支撑生态文明建设路径研究——以江苏为例［J］. 生态经济，2015，31（12）：170－173.

［129］张文博，邓玲，尹传斌. "一带一路"主要节点城市的绿色经济效率评价及影响因素分析［J］. 经济问题探索，2017（11）：84－90.

［130］张新伟，余国合，吴巧生. 生态文明建设关键影响因素及其效应分析——基于 FCM 方法［J］. 财会通讯，2017（32）：39－44.

［131］张振举，张莉. 湛江海洋经济低碳发展现状及影响因素分析［J］. 农村经济与科技，2015，26（3）：154－156，82.

［132］赵立雨. 我国 R&D 投入绩效评价与目标强度研究［D］. 西北大学，2010.

［133］赵金芬，徐超，姜木枝. 基于 SST 视角下的科技创新低碳化与生态文明建设［J］. 江西农业大学学报（社会科学版），2013，12（3）：356－360.

［134］浙江省统计局课题组，黄建生，张宁红，吴师意. 浙江省生态文明建设评价指标体系研究和 2011 年评价报告［J］. 统计科学与实践，2013（2）：4－7.

［135］钟祖昌. 研发投入及其溢出效应对省区经济增长的影响［J］.

科研管理，2013，34（5）：64 –72.

［136］朱斌，吴赐联．福建省绿色城市发展评判与影响因素分析［J］．地域研究与开发，2016，35（4）：74 –78.

［137］庄海燕．基于大数据的生态文明建设综合评价——以生态文明示范区海南省为例［J］．国土与自然资源研究，2017（4）：38 –42.

［138］庄穆，胡泓扬．从生态文明建设视角反思中国科技发展战略［J］．福建论坛（人文社会科学版），2015（9）：161 –166.

［139］邹凡，彭靖里，谭海霞．论我国建设生态文明与科技创新的关系及政策［J］．云南科技管理，2013，26（5）：20 –22.